"十三五"国家重点图书出版规划项目
改革发展项目库2017年入库项目

"金土地"新农村书系 · 家畜编

畜禽养殖
废弃物综合处理利用技术

彭国良　主编

SPM 南方出版传媒
广东科技出版社｜全国优秀出版社
·广　州·

图书在版编目（CIP）数据

畜禽养殖废弃物综合处理利用技术/彭国良主编．—广州：广东科技出版社，2020.3

（“金土地”新农村书系·家畜编）

ISBN 978-7-5359-7395-5

Ⅰ．①畜… Ⅱ．①彭… Ⅲ．①畜禽—饲养场—废物—废物综合利用—研究 Ⅳ．①X713

中国版本图书馆CIP数据核字（2020）第010859号

畜禽养殖废弃物综合处理利用技术

Chuqin Yangzhi Feiqiwu Zonghe Chuli Liyong Jishu

出 版 人：朱文清
责任编辑：区燕宜
封面设计：柳国雄
责任校对：于强强
责任印制：彭海波
出版发行：广东科技出版社
（广州市环市东路水荫路11号 邮政编码：510075）
销售热线：020-37592148 / 37607413
http：//www.gdstp.com.cn
E-mail：gdkjzbb@ gdstp.com.cn（编务室）
经 销：广东新华发行集团股份有限公司
印 刷：广东鹏腾宇文化创新有限公司
（珠海市高新区科技九路88号10栋 邮政编码：519080）
规 格：889mm×1 194mm 1/32 印张4 字数100千
版 次：2020年3月第1版
2020年3月第1次印刷
定 价：25.80元

#《畜禽养殖废弃物综合处理利用技术》
编辑委员会

主　　编：彭国良

副 主 编：陈三有　饶国良

编写人员：彭国良　陈三有　饶国良　吴银宝　刘建营
傅婕丹　陈雁芬　肖正中　南文金　陈晓远
黄健强　胡鸿惠　吴静波　袁健康　叶新泉
张代坚　李志鹏　张大伟　李燕瑜　郭建超

内容简介

Neirongjianjie

党的十九大提出，加快生态文明体制改革，建设美丽中国。当前，畜禽养殖废弃物的集中大量排放，造成了一定程度的污染，加大了环境治理的压力。随着社会经济的发展，加快推进畜禽废弃物处理和资源化，改善生产、生活环境，成为一项重大的民生工程，是生态文明建设的基本面。

本书系统介绍了畜禽养殖废弃物减量化技术、粪便处理技术、污水处理技术、废弃物资源化利用技术及养殖场主要处理利用模式，适合广大畜牧技术推广人员和畜禽养殖企业（场、户）参考应用。

前　言

Qianyan

畜禽养殖为人们的生活、生存提供了必需的肉、蛋、奶、毛皮等畜产品，也为粮食果蔬等种植业提供了大量的有机肥料。但随着社会经济的发展，畜禽养殖集约化、规模化程度不断增强，畜禽粪便等废弃物集中排放不断增加，加上土地紧缺，种养分离等原因，在某些区域造成了一定程度的环境污染，引起了社会的广泛关注。国务院先后发布了《畜禽规模养殖污染防治条例》（国务院令第643号）和《水污染防治行动计划》（国发〔2015〕17号），畜禽养殖污染防治问题迫在眉睫。加快推进畜禽养殖废弃物综合处理和资源化利用，不断改善农村居民生产、生活环境，关乎全面建成小康社会，关乎美丽乡村建设，关乎广大人民群众的切身利益，是重大的民生工程和民心工程。

为推动畜禽养殖污染防治工作，促进畜禽养殖废弃物的资源化利用，广东省农业农村厅、广东省畜牧兽医局组织有关科研教学、技术推广和生产企业技术人员，广泛收集资料，深入现场考察调研，整理编写成《畜禽养殖废弃物综合处理利用技术》一书，内容包括畜禽养殖废弃物的减量化生产技术、畜禽粪便处理技术、污水处理技术、无害化处理技术和资源化利用技术及主要的生产利用技术模式。限于编者水平，错漏在所难免，敬请读者批评指正。

编者

2019年11月

目 录

Mulu

一、绪论

二、畜禽养殖废弃物减量化技术

三、畜禽粪便处理技术

四、污水处理技术

五、病死畜禽无害化处理技术

六、畜禽废弃物资源化利用技术

七、主要处理利用模式

一、绪　　论

（一）我国畜禽养殖及其废弃物概况

近年来，随着我国居民生活水平不断提高，肉、蛋、奶消费增量巨大，畜禽养殖为满足我国居民的生活需求做出了巨大贡献，同时也对我国农民收入的增加起到了不可或缺的作用。1978—2013 年 35 年间，我国肉、蛋、奶产量分别从 856.3 万吨、234 万吨、97.1 万吨提高到 8 563 万吨、2 876 万吨、3 531 万吨，分别增长了 9 倍、11.3 倍、35.4 倍；人均肉、蛋、奶占有量分别从 8.9 千克、2.4 千克、1 千克提高到 62.8 千克、21.1 千克、26 千克，分别增长了 6.1 倍、7.8 倍、25 倍。全国畜牧业产值从 209 亿元提高到 28 435 亿元，增长了 135.1 倍，占农业总产值比重由 15% 提高到 29%。2017 年我国出栏生猪 70 202.1 万头，牛 4 340.3 万头，羊 30 797.7 万只，家禽 1 302 190.6 万只；年末存栏生猪 44 158.9 万头，牛 9 038.7 万头，羊 30 231.7 万只，家禽 605 302.2 万只。

我国畜禽养殖的快速发展和生产水平的提高得益于规模养殖水平的提高，但由于规模养殖废弃物集中排放，同时又缺乏与之配套的可消纳土地，环境污染问题突出。耿维等利用 2010 年的畜禽养殖统计数据，估算出 2010 年全国畜禽养殖粪尿产生量达到 22.35 亿吨，其中，肉牛粪尿 5.36 亿吨，奶牛粪尿 2.29 亿吨，役用牛粪尿 2.17 亿吨，猪粪尿 4.65 亿吨，肉禽粪尿 3.19 亿吨，蛋鸡粪尿 1.32 亿吨，羊粪尿 2.44 亿吨，驴、骡粪尿 0.45 亿吨，马粪尿 0.40 亿吨，兔粪尿 0.06 亿吨。

根据全国第一次污染源普查公布的数据，2007 年，全国畜禽养殖业化学需氧量（COD）排放量 1 268.26 万吨，总氮排放量 102.48 万吨，总磷排放量 16.04 万吨，铜排放量 2 397.23 吨，锌排放量 4 756.94 吨。COD、总氮、总磷排放量分别占全国总排放量的 41.9%、21.7%、

37.9%，畜禽养殖污染源已经成为我国三大污染源之一。

（二）畜禽养殖废弃物的特性

畜禽养殖废弃物包括粪、尿、栏舍冲洗污水、病死畜禽、养殖垫料、家畜胎盘及废气等，其中以粪、尿、栏舍冲洗污水为主。这些废弃物除废气外，水分和有机质含量高，在微生物作用下比较容易降解，同时这些废弃物自身往往携带大量微生物。

1．尿的特性

尿是由动物肾脏产生，经输尿管排出的含有大量代谢产物的液体，是机体排水的主要途径。畜禽尿液理化特性受畜禽种类、生理阶段、饲料、饮水、健康状况、环境温度和湿度的影响。

家畜尿液一般呈浅黄色至深黄色，略带臊臭味，尤其公猪和公山羊尿液气味较浓，密度为 1.009~1.038 克 / 厘米^3，比水略大，主要家畜尿液的正常密度见表 1-1。

表1-1　主要家畜尿液的正常密度

克/厘米^3

动物	尿密度	动物	尿密度
牛	1.030±0.012	猪	1.015±0.001
犊牛	1.018±0.009	仔猪	1.009±0.006
山羊	1.021±0.008		

注：数据引自《家畜生理生化学》(1985)。

正常情况下，牛、羊等食草家畜尿液呈碱性；猪、禽等杂食性动物尿液有时呈碱性，有时呈酸性；哺乳期间的家畜尿液一般呈酸性。主要畜禽尿液的 pH 见表 1-2。

表1-2　主要畜禽尿液的pH

动物	pH	动物	pH
牛	7.7~8.7	猪	6.5~7.8
犊牛	6.7~7.8	产蛋母鸡	7.6
山羊	8.0~8.5	鸭	6.8
羔羊	6.6	兔	8.0

注：数据引自《家畜生理生化学》(1985)。

健康家畜膀胱中的尿液无菌，但家畜尿道常存在葡萄球菌等细菌，致使家畜排出的新鲜尿液中能检测到细菌。

尿液中主要成分为水分，猪尿水分含量为97%左右，牛尿水分含量为92%~95%，羊尿水分含量为80%~85%。尿液中无机物盐类主要为钠、钾、钙、镁和铵盐等，非蛋白氮主要为尿素、尿囊素、尿酸、肌酐、嘌呤等，无氮有机物主要为草酸、结合葡萄糖醛酸及硫酸脂等。此外，尿液中含有微量的酶、激素、色素和某些水溶性维生素。

家畜尿液及尿液主要污染物COD日产量在各生理阶段差异很大，家禽无膀胱，尿液直接进入泄殖腔中与粪混合一起排出，难以分别计算粪、尿的产量，一般合在一起计算。家畜尿液及尿液中主要污染物COD日均产量一般随体重的增加而增加，另外，我国各区域饲养的同种家畜受气候、饲料营养水平等因素影响，尿液及尿液COD日产量差异较大，根据已有研究结果和《第一次全国污染源普查畜禽养殖业源产排污系数手册》数据，我国猪、牛尿液及尿液COD的日均产量参考值见表1-3。

表1-3　猪、牛尿液及尿液COD日均产量参考值

项目	体重/千克	产尿量/升·(头·天)$^{-1}$	COD/克·(头·天)$^{-1}$
保育猪	21~37	1.02~1.88	21.25~30.41

（续表）

项目	体重/千克	产尿量/ 升·（头·天）$^{-1}$	COD/ 克·（头·天）$^{-1}$
育肥猪	65~74	2.14~3.62	31.96~64.01
妊娠母猪	175~238	3.58~6.00	40.43~89.90
育成期奶牛	312~378	6.50~11.02	171.70~265.17
泌乳奶牛	540~686	12.13~17.98	332.25~598.51
育肥期肉牛	316~462	7.09~9.15	138.70~324.19

2．粪的特性

畜禽摄入饲料和水，经口腔、胃、小肠消化的产物由小肠吸收后，其他残余物进入大肠，残余物在大肠内经微生物消化并由大肠黏膜对水、电解质及部分物质进行吸收后被浓缩形成粪。当粪在直肠内聚集到一定量后刺激直肠壁，使大肠后段肌肉收缩和肛门括约肌舒张而排出体外。粪的来源主要为食物残渣、代谢产物、微生物及其代谢产物。

畜禽粪的 pH 与饲料成分及大肠内微生物的繁殖有关。正常情况下，牛粪的 pH 为 7.8~8.4，猪粪的 pH 为 7.2~8.2，羊粪的 pH 为 7.6~8.4，鸡粪的 pH 为 6.0~7.0。当大肠内糖类发酵过程占主导时，粪的 pH 下降；当大肠内蛋白质腐败过程占主导时，粪的 pH 升高。

畜禽粪中的主要成分为水和有机质。畜禽粪的含水率与畜禽种类、生理阶段及饲料含水率相关。幼龄畜禽粪的含水率高，成年畜禽粪的含水率相对较低。同种畜禽饲喂较多的多汁饲料时粪的含水率会增加。各种畜禽粪中水分和有机质含量参考值见表 1-4。

表1-4　各种畜禽粪的水分及有机质含量参考值

%

项目	猪粪	牛粪	羊粪	鸡粪	鸭粪	鹅粪	鸽粪
水分	72.4	77.5	64.6	50.5	56.6	77.1	51.0
有机质	25.0	20.3	31.8	25.5	26.2	23.4	30.8

注：数据引自《家畜环境卫生学》第三版（2003）。

畜禽粪及粪中有机质可能转化成的COD的日均产量与畜禽生理阶段、气候条件、饲料组成及采食量有关。当饲料中纤维含量增多时，畜禽粪的日均产量也随之增多；成年前，畜禽日产粪量随体重增加而增加。根据已有报道和《第一次全国污染源普查畜禽养殖业源产排污系数手册》数据，牛、猪、鸡粪及粪中有机质可能转化成的COD的日均产量参考值见表1-5，表中鸡的产粪量和COD包括鸡的尿液在内。

表1-5　畜禽粪及粪COD的日均产量参考值

项目	体重/千克	产粪量/千克·（头·天）$^{-1}$	COD/克·（头·天）$^{-1}$
保育猪	21~37	0.47~1.04	117.58~212.90
育肥猪	65~74	1.12~1.81	299.63~380.71
妊娠母猪	175~238	1.41~2.11	317.54~492.95
育成期奶牛	312~378	10.50~16.61	1 748.8~3 096.9
泌乳奶牛	540~686	19.26~33.47	3 169.6~6 422.8
育肥期肉牛	316~462	12.10~15.01	2 052.8~2 919.1
育成期蛋鸡	1.0~1.3	0.06~0.12	12.94~21.86
产蛋蛋鸡	1.5~1.9	0.10~0.17	18.50~27.35
肉鸡	0.6~2.4	0.06~0.22	13.05~42.33

畜禽粪尿中氮、磷、铜等是作物的养分，但当不能充分利用时会对环境造成严重污染。畜禽粪尿中氮、磷、铜含量受饲料中氮、磷、铜含量的影响较大，当饲料中氮、磷、铜含量增加时，通过畜禽粪尿排出的氮、磷、铜的量随之增加。家畜磷的排出大部分通过粪排出，铜的排出绝大部分通过粪排出，而氮的排出有时以尿为主，有时以粪为主。根据已有报道和《第一次全国污染源普查畜禽养殖业源产排污系数手册》数据，牛、猪、鸡通过粪尿每日排泄出氮、磷和铜的量参考值见表1-6。

表1-6　畜禽氮、磷和铜的日均产量参考值

项目	体重/千克	全氮/克·（头·天）$^{-1}$	全磷/克·（头·天）$^{-1}$	铜/毫克·（头·天）$^{-1}$
保育猪	21~37	10.97~26.03	1.44~3.48	82.24~199.89
育肥猪	65~74	19.74~57.7	3.21~6.16	118.79~236.56
妊娠母猪	175~238	22.02~78.67	5.11~11.18	58.32~185.14
育成期奶牛	312~378	107.77~139.76	9.54~25.99	73.28~158.39
泌乳奶牛	540~686	185.89~353.41	17.92~62.46	137.49~309.11
育肥期肉牛	316~462	65.93~153.47	10.17~19.85	29.32~102.95
育成期蛋鸡	1.0~1.3	0.66~0.96	0.13~0.33	0.44~0.95
产蛋蛋鸡	1.5~1.9	1.06~1.42	0.23~0.51	0.82~1.95
肉鸡	0.6~2.4	0.71~1.85	0.06~0.50	0.72~2.43

3．病死畜禽的特性

病死畜禽的尸体主要由水分、蛋白质、脂肪和矿物质构成，其水分含量为40%~80%，随日龄增加而降低；脂肪含量随日龄增加而增加；蛋白质在去水身体的含量随日龄增加而减少；矿物质含量相对稳定在3%左右。病死畜禽是因病而死，往往携带有大量病原体，是重要的疫病传染源，必须进行无害化处理。

4．废气的特性

畜禽养殖过程产生的废气主要含有粉尘、微生物、有害气体和臭味物质。粉尘主要来源于饲料、粪便和畜禽体表脱落的皮屑，其中来源于饲料的粉尘占80%~90%。微生物主要来源于呼吸系统呼出的废气和消化道排出的粪便。有害气体主要为氨气、硫化氢和甲烷，其中氨气和硫化氢同时也是具有强烈臭味的物质。畜禽养殖废气中的恶臭物质成分非常复杂，已知牛场至少有94种，猪场至少有230种，鸡场至

少有 150 种，主要的恶臭物质成分为氨气、硫化氢、吲哚、硫醇、挥发性短链脂肪酸和胺类。在粉尘参与下，这些恶臭物质吸附于粉尘而形成复杂的复合恶臭，因此，降低舍内空气中粉尘和去除畜禽舍排出舍外废气中的粉尘可以减少畜禽养殖场周边空气的臭味。

（三）畜禽养殖废弃物综合处理利用原则

畜禽养殖废弃物的综合处理利用须遵循“减量化、无害化、资源化”的“三化”原则。“减量化”就是采取有效措施减少单位畜禽产品的废弃物产生量。“无害化”就是在“减量化”的基础上对已产生的废弃物进行无害化处理，杀灭其有害微生物、寄生虫卵及植物种子等，降解其大分子有机物，使其能达到土地处理和农业资源化利用的要求，畜禽养殖废弃物中含有大量病原体，进行无害化处理尤为重要，既是环境保护的要求，也是畜禽养殖自身生物安全的需要。“资源化”就是把废弃物进行无害化处理过程中所产生的物质及无害化处理后的产品作为资源进行充分利用，使其不对环境造成污染。

二、畜禽养殖废弃物减量化技术

畜禽养殖常用的废弃物减量化措施主要包括以下三个方面：一是改善舍内环境，提高生产水平，减少畜禽的死亡淘汰率和用水量，进而降低单位产量的废弃物产生量。二是采用环保饲料，提高饲料中营养物质的吸收利用率，降低粪便中污染物的排泄量。三是采取减少污水的饲养管理措施，如雨污分流、改善饮水系统、垫料养殖等，降低污水的总量。

（一）环保饲料配制技术

1．植物型饲料添加剂

通过在日粮中添加一种或多种植物提取物，这些植物提取物可以降低猪排泄物中氨气、硫化氢等有味气体释放。常用的植物提取物有樟科植物提取物、丝兰属植物提取物、菊芋提取物、茶叶提取物、天然植物精油、大蒜素、中草药提取物、腐殖酸等。如丝兰提取物中的多糖结合氨分子生成氮化物，而该氮化物可被肠道微生物充分利用，使蛋白质的利用率提高；同时氨气浓度的降低维持了肠道正常的酸碱平衡，使消化酶活性提高，肠道的消化吸收能力增强。此外，被多糖吸附的氨气即使随粪便排出体外后也不会挥发出来，可降低环境中的有害气体浓度。

2．酶制剂

饲料中添加酶制剂可提高猪和禽类对饲料中养分的利用率、减少粪便中污染物的排泄量，而牛羊饲料中添加酶制剂效果不明显。饲用酶制剂主要有酶制剂、蛋白酶和碳水化合物酶三类。在猪和禽类饲料中添加酶制剂可使氮的利用率提高 17%~25%，磷的利用率提高

20%~30%，从而使粪便中氮、磷的排泄量大幅度减少，既可节约饲料，又能保护环境。饲料中使用小麦、大麦、米糠等非常规原料时，添加木聚糖酶等碳水化合物酶可提高猪和禽的饲料利用率。

3．微生物制剂

饲料中添加微生物制剂，可维持畜禽肠道正常菌落，抑制腐败细菌的生长，改善有机物的分解途径，提高饲料中蛋白质的利用率，预防腹泻，减少氨和硫化氢的释放量及胺类物质的产生，降低有害气体浓度，改善养殖环境，减少抗生素的使用。从已有的报道来看，饲料中添加微生物制剂可降低猪舍氨气浓度 40% 左右，降低硫化氢浓度 20% 左右。另外，微生物制剂与吸附剂（如米糠、木屑等）混合可制成微生物吸附剂或生物滤床，置于舍内或舍外排风口，吸附、分解臭味物质，可显著降低舍内或排出舍外废气的臭味。

4．纤维素或寡糖、酸化剂

在日粮中添加纤维素或寡糖、酸化剂（乳酸、柠檬酸）等添加剂，可以减少氨和其他腐败物的过多生成，降低肠内容物和粪便中氨的含量，使肠道内容物中的甲酚、粪臭素等含量减少，从而减少粪便的臭气。有试验证明，添加 5% 纤维素，猪粪中的氨气减少 68%，在贮存的猪粪中总氮素、氨态氮分别降低 35%、73%；添加 2% 寡糖可降低总氮素 55%、氨态氮 62%。

5．有机微量元素

猪和禽类饲料中使用有机微量元素可降低微量元素的添加量，进而降低粪便中微量元素的排泄量，减少对环境的污染。例如，目前，在仔猪、小猪阶段，为预防腹泻、促生长和使猪粪变黑，饲料中铜的添加量一般在 150 毫克 / 千克左右，远高于营养标准的 6 毫克 / 千克，上市一头肉猪铜的排出量约为 18 克，如使用有机铜可大幅度降低铜的排泄量。目前，猪和禽类饲料中铜、锌添加量较高，致使粪便中铜、锌含量比较高，限制了粪便的还田利用。单英杰（2012）对规模畜禽养殖场风干粪便中的铜、锌进行测定，其中猪粪铜、锌含量分别为

（1 044.13±333.92）毫克 / 千克、（1 771.37±1 331.99）毫克 / 千克，鸡粪铜、锌含量分别为（271.16±144.86）毫克 / 千克、（379.59±181.71）毫克 / 千克，鸭粪铜、锌含量分别为（198.76±65.75）毫克 / 千克、（352.10±62.21）毫克 / 千克，牛粪铜、锌含量分别为（90.35±35.60）毫克 / 千克、（312.43±43.24）毫克 / 千克。根据国家标准《畜禽粪便还田利用技术规范》GB/T 25246-2010 的要求，以畜禽粪便为主要原料的肥料中，畜禽干粪便铜、锌的限值见表 2-1。我国南方地区土壤普遍偏酸性，要求还田利用的畜禽粪便中铜、锌含量较低，因此，必须大幅度降低猪和禽类饲料中铜、锌添加量，使猪和禽类粪便符合还田利用的要求。

表2-1　制作肥料的畜禽粪便中铜、锌含量限值（干粪含量）

项目		土壤pH		
		＜6.5	6.5~7.5	＞7.5
铜/毫克·千克$^{-1}$	旱田作物	300	600	600
	水稻	150	300	300
	果树	400	800	800
	蔬菜	85	170	170
锌/毫克·千克$^{-1}$	旱田作物	2 000	2 700	3 400
	水稻	900	1 200	1 500
	果树	1 200	1 700	2 000
	蔬菜	500	700	900

此外，低蛋白质 - 氨基酸平衡饲料，可减少粪尿氮的排出量，尤其是尿氮的排出量。试验证明，使用低蛋白质 - 氨基酸平衡饲料，氮和氨的排出量分别减少 28% 和 43%，而挥发性脂肪酸的排出量则降低 5%；在氨基酸平衡情况下，蛋白质水平降低 2% 可使氮的排泄量下降 20%，且对动物的生产性能无明显影响。

（二）舍内环境控制技术

为畜禽提供适宜的舍内环境可提高畜禽的生产水平，改善饲料转化率，降低死亡率，减少畜禽产品单位产量的废弃物产生量。在亚热带地区畜禽养殖场主要面临的是炎热季节热应激问题，其次是寒冷季节舍内有害气体和微生物浓度过高的问题。机械通风是解决这些问题的关键。

炎热季节，猪舍和鸡舍一般采取负压水帘降温方法，常用厚度为15厘米的水帘，通过水帘的风速控制在2米/秒以下。公猪、母猪、生长育肥猪舍的风速1~2米/秒，哺乳仔猪、保育猪舍的风速尽量不超过0.2米/秒；分娩舍因同时饲养泌乳母猪和哺乳仔猪，两者对环境温度和风速的要求相差巨大，宜采用正压水帘通风的措施，出风口直对母猪，吹到母猪身体的风速控制在2米/秒左右。鸡舍风速1.5~3米/秒。牛舍一般使用喷淋加风扇的降温方法。

寒冷季节，采用机械通风换气的方法降低舍内有害气体和微生物浓度，可以减少畜禽呼吸道疾病的感染。寒冷季节的机械通风需注意：一是舍内温度需满足畜禽要求，通风换气量和风速不宜过大。二是舍外冷风不宜直接吹畜禽躯体，进风口宜安装在天花板，进风口的风速为4~5米/秒，平吹，新鲜空气经上层热空气预热后才与畜禽接触。三是避免间歇式通风，间歇式通风往往造成舍内温度的急剧变化，引起畜禽冷应激而诱发疾病。

水帘

轴流式负压风机及防鼠碎石带

天花板进风口

（三）饲养管理技术

1．雨污分流

因雨水不需经过污水处理系统处理即可进行排放，将雨水与污水分开，雨水不流入排污管道，可大幅度降低污水的处理量。亚热带地区年降水量 1 000~2 000 毫米，如果不进行雨污分流，每平方米畜禽舍每年将多产生超过 1 吨的污水，极大地增加了污水处理量。同时，降雨是间歇式，短时间大量雨水冲击污水处理系统会影响污水处理系统的正常运行甚至导致系统瘫痪。一般采用雨水流入明沟，污水流入管道的方法进行雨污分流。

雨水进明沟、污水进管道的雨污分流

2. 改善饮水系统

猪场常见的饮水器有鸭嘴式自动饮水器、乳头式自动饮水器、杯式自动饮水器和水槽。鸭嘴式自动饮水器、乳头式自动饮水器和水槽相对于杯式饮水器造成较多的饮用水浪费，这些浪费的饮用水往往混入粪污中，增加污水量。猪场尽量使用杯式饮水器，同时控制每个饮水器的流速，种猪 2 升 / 分钟，保育仔猪 0.5~1 升 / 分钟，生长育肥猪 1~2 升 / 分钟，另外，可在饮水器下设一凹槽将滴漏的水接住引出舍外雨水沟，可减少饮用水进入污水中，从而减少污水量。

猪用杯式自动饮水器

3．**垫料养殖技术**

垫料养殖技术是指在畜禽养殖过程中用木糠、谷壳等垫料与畜禽粪便混合进行有氧发酵，不冲洗栏舍、不产生污水的养殖技术。

鸡的垫料养殖常见于肉鸡饲养，一般在地面薄铺一层谷壳，约15天更换一次，清出的垫料进行堆沤发酵后作为有机肥还田利用。

猪的垫料养殖常见于肉猪饲养，在亚热带地区，因天气炎热，垫料发酵温度高，一般需避免猪与发酵床接触。此类猪舍建筑一般采用两层楼的方式，底层为垫料发酵床。垫料常用木糠与谷壳的混合物，木糠与谷壳的比率为7∶3左右，发酵床厚度0.6~0.7米，发酵床在0~1.5个月每周翻堆1次，在1.5~3.5个月隔天翻堆1次，3.5个月以后每天翻堆1次，具体视堆体发酵情况做适当调整，堆体温度应保持在50℃以上。为减少翻堆频率，可以在发酵床下的地面设一浅沟，沟内铺装多孔通风管道，利用鼓风机从发酵床底层进行强制通风。为方便翻堆机等机械操作，猪舍底层高度为2.8米左右，地面为混凝土。第二层饲养肉猪，栏面为钢筋混凝土全漏缝地板，缝隙宽2.5厘米左右，钢筋混凝土条横截面上宽12厘米、下宽10厘米、厚10厘米左右，方便猪粪掉入发酵床，工作通道为钢筋混凝土实地面。因垫料中的水分需控制在45%~65%才能使发酵床正常发酵，除猪的粪尿外，不允许水大量进入发酵床，所以猪舍降温需采用水帘负压通风方法，底层和第二层皆需装负压风机，第二层装水帘，饮水器滴漏的水需引出舍外。垫料可使用8~12个月，也可以每饲养一批猪更换一次垫料，更换出的垫料还田利用或制成商品有机肥出售。发酵床养猪过程中禁止使用消毒药对猪舍进行消毒，只有在本批次猪全部清栏并将垫料清理干净后才可以使用消毒药进行消毒，如果同一批垫料需连续养殖数批猪，则在两批之间的空栏期用火焰消毒机对第二层进行火焰消毒。

肉鸡的垫料养殖

生长育肥猪的高床垫料养殖

三、畜禽粪便处理技术

（一）粪便收集

粪便的收集方法主要有干清粪（人工清粪、机械清粪、垫料吸附）、水泡粪、水冲粪、固液分离等方法。人工清粪因劳动强度大，工人难找，逐步在减少，机械清粪逐步得到重视。

鸡舍的机械刮粪设备

鸡舍的履带式机械清粪设备

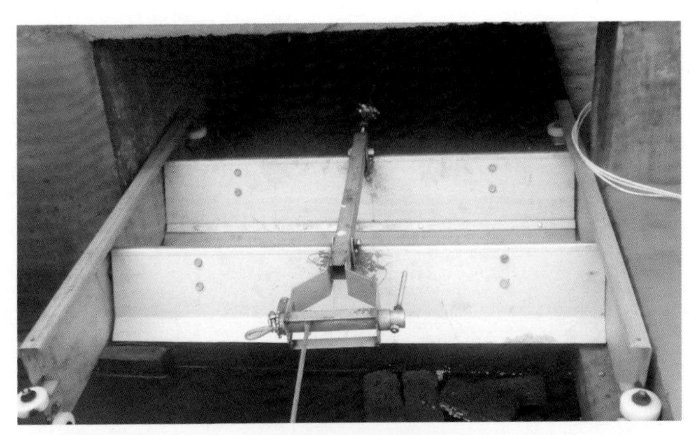

猪舍的机械刮粪设备

猪场固液分离及人工装袋

（二）粪便处理技术

粪渣一般通过人工清粪、机械刮粪和对污水进行固液分离进行收集，收集的粪渣常采取好氧发酵方法制成有机肥。好氧发酵一方面能使粪渣中的有机物降解，另一方面可杀灭粪渣中的病原微生物。畜禽粪渣常用的堆肥方法主要有条垛式堆肥和槽式堆肥两种。堆肥场所必须防渗、防雨，地面一般采用混凝土地面，为使堆肥发酵快速启动，堆肥场的屋顶往往使用透光材料。

粪渣水分含量通常较高，有时高达80%以上，超出堆肥水分含量为45%~65%的要求，不能直接堆肥，而需添加木糠、谷壳、秸秆粉等辅料来调节水分，达到堆肥要求的范围后才能进行堆肥发酵。另外，辅料的添加可调节堆肥体的碳氮比和碳磷比，堆肥体发酵微生物适宜的碳氮比为（25~35）∶1，适宜的碳磷比为（75~150）∶1；添加辅料还有助于增加堆肥体的透气性，有利于好氧发酵。

条垛式堆肥和槽式堆肥的堆肥过程一般分两期进行。第一期为高温发酵期，时间为两周左右，堆肥体内温度50℃以上的时间需持续7天左右，高温发酵期内，需密切注意堆肥体内的温度和湿度，一般2天左右翻堆一次，当堆肥体内温度超过65℃时要增加翻堆频率，翻堆的目的是增氧、排热，使堆肥体维持适宜的温度、湿度和氧气含量。为减少堆肥的翻堆频率，可在堆肥体下方增设强制通风管道，管道置于地面通风槽内，通过强制通风来补充堆肥体发酵所消耗的氧气和增加堆肥体的散热，堆肥体内的氧含量维持在10%~18%比较适宜，采用强制通风时需注意不要通风过量，通风过量会造成堆肥体内的水分含量和温度过低而不利于堆肥体的快速发酵。堆肥高温发酵期，堆肥体内的温度50℃以上的时间长达数天，足以杀灭其中的病原微生物、寄生虫卵和植物种子，主要病原体致死温度与所需时间见表3-1。第二期为腐熟期，将第一期的发酵物料运到腐熟区进行二次发酵，有机物进一步分解、熟化，此期约30天，期间不需翻堆。

表3-1　部分病原体致死温度与所需时间

病原体	致死温度/℃	所需时间
结核杆菌	60	1小时
布氏杆菌	65	2小时
副伤寒菌	60	1小时
猪丹毒杆菌	50	15小时

（续表）

病原体	致死温度/℃	所需时间
狂犬病病毒	50	1小时
口蹄疫病毒	60	30分钟
猪传染性胃肠炎病毒	56	45分钟
猪瘟病毒	60	30分钟
蠕虫卵和幼虫	50~60	1~3分钟
鞭虫卵	50~60	1小时

注：数据引自《家畜环境卫生学》第三版（2003）。

一个年出栏1万头肉猪的猪场用粪渣制成成品有机肥的量约为700吨，产量较少，不成规模，销售相对困难，有条件的地方最好建立区域有机肥厂，收集区域内畜禽养殖场经高温发酵后的发酵物料进行后熟处理成成品并销售，有利于成品有机肥质量的控制，也有利于有机肥的销售。

槽式堆肥槽及翻耙机械

条垛堆肥及翻堆机械

四、污水处理技术

畜禽养殖污水最好的处理方式是经厌氧发酵无害化处理后，作为种植业的肥料还田利用，为农作物提供养分，但此处理方式需在养殖场周边配套足够的种植土地进行消纳。其次的方式是将污水经处理达到排放标准后排放或加以综合利用。畜牧业污水与其他行业（如工业）污水有较大差别，比如有毒物质含量较少，污水排放量大，而且污水中含有大量粪渣，有机物、氮、磷等含量高，而且还有很多病原微生物，危害及处理难度大，因此必须加以重视。

（一）清粪技术

清粪技术是指畜禽养殖场所采用的舍内粪便清除技术，它直接影响畜牧业污水的产生量，而且影响畜禽粪便的再利用价值。目前畜牧业常用的清粪技术主要包括水冲清粪、水泡清粪和干清粪等。

1. **水冲清粪**

该技术自20世纪80年代从美国引入我国后，已被大多数规模化畜禽养殖场所采用，尤其是养猪场和养牛场，其特点是将粪尿的清除与畜舍的清洗结合起来，设备简单，劳动效率高。但这种清粪方式不仅使固态粪便中的水溶性成分受到损失，降低了肥效，而且存在污水量大、污染严重等问题。按这种清粪技术，一条生产线（年出栏万头猪）每天约需水200米^{3}冲洗猪舍粪便，这样大量而集中的污水不仅增大了处理的难度，而且也浪费了宝贵的资源。

2. **水泡清粪**

该技术是在水冲清粪技术的基础上改造而来。具体方法为在栏圈漏缝地板下设置粪沟，预先在粪沟内放置深20厘米左右的水，粪尿从

漏缝掉入粪沟中存放，养殖过程中一般禁止用水冲洗栏圈，只在空栏后进行彻底清洗，粪水储存一定时间后（一般为1~2个月），再从沟中排出。这种技术比水冲清粪更节省用水，一条生产线（年出栏万头猪）每天需水30~40米^3。但由于粪便泡于水中形成厌氧发酵，产生大量的有害气体，影响畜禽及饲养人员的健康，因此，需进行机械通风并安装地沟风机；另外，水泡清粪技术粪水混合物的污染物浓度很高，后处理困难，比较适合周边配套有足够种植业土地的养殖场。

3．**干清粪**

该技术分为人工清粪和机械清粪两种，粪便产生后由机械或人工收集，尿及冲洗水从污水沟流出，固体粪便和污水分别进行处理。该技术简单，污水处理部分基础建设投资比水冲清粪和水泡清粪技术大大降低。人工清粪和机械清粪污水产生量小，每天产生的污水量仅为60~90米^3，同时污水中各项污染指标的浓度也低（表4-1），还可保留固态粪便中的养分，为畜禽粪便、污水的综合处理利用提供方便。

表4-1　水冲清粪和干清粪的污水理化指标

指标	水冲清粪	干清粪
COD/毫克·升$^{-1}$	13 000~14 000	9 814~10 200
生化需氧量（BOD）/毫克·升$^{-1}$	8 000~9 600	3 407~5 130
悬浮物（SS）/毫克·升$^{-1}$	134 640~140 000	67 320~97 300
总氮（TN）/克·升$^{-1}$	40~30.7	25~20.8
铵态氮（NH_4^+-N）/毫克·升$^{-1}$	2 120~4 768	1 200~2 100
总磷（P_2O_5）/克·升$^{-1}$	115.8	57.9

（二）污水处理流程

目前，国内外畜牧业污水处理技术流程一般采取“三段式”处理，即固液分离、厌氧处理和好氧处理。

1．**固液分离**

畜牧业污水中含有高浓度的有机物和悬浮物（SS），尤其是采用水冲清粪方式的污水，SS 含量高达 160 000 毫克 / 升，即使采用干清粪技术，SS 含量仍可达到 70 000 毫克 / 升，因此无论采用何种措施处理畜牧业污水，最好先进行固液分离。通过固液分离，首先可使污水的污染物负荷降低，COD 和 SS 的去除率可达 50%~70%，所得固体粪渣可用于制作有机肥；其次，可防止大的固体物进入后续处理环节，以防造成后续处理设备的堵塞损坏等。此外，在厌氧消化前进行固液分离能增加厌氧消化运转的可靠性，减少所需厌氧反应器的尺寸及所需的停留时间，减少气体产生量 30%。

固液分离技术一般有筛滤、离心、过滤、浮除、絮凝等，这些技术都有相应的设备，从而达到浓缩、脱水目的。畜牧业多采用筛滤、压榨、过滤和沉淀等固液分离技术进行污水的一级处理，常用的设备有固液分离机、格栅、沉淀池等。

固液分离机有振动筛、回转筛和挤压式分离机等多种形式，通过筛滤作用实现固液分离的目的。筛滤是一种根据禽畜粪便的粒度分布状况进行固液分离的方法，污水和小于筛孔尺寸的固体物从筛网中的缝隙流过，大于筛孔尺寸的固体物则凭机械或其本身的重量截流下来，或推移到筛网的边缘排出。固体物的去除率取决于筛孔大小，筛孔大则去除率低，但不易堵塞，清洗次数少；反之，筛孔小则去除率高，但易堵塞，清洗次数多。

格栅是畜牧业污水处理的工艺流程中必不可少的部分，一般由一组平行钢条组成，通过过滤作用截留污水中较大的漂浮固体和悬浮固体，以免阻塞孔洞、闸门和管道，并保护水泵等机械设备。在采用格栅进行固液分离时，通常还会加装筛网以保证固液分离效果。

沉淀池是畜禽污水处理中应用最广的设施之一，一般畜禽养殖场在固液分离机前会串联多个沉淀池，通过重力沉降和过滤作用对粪水进行固液分离。这种方式主要适用于中小型养殖场，其建造成本低，简单易行，设施维护简便。

2．厌氧处理

畜牧业污水可生物降解性强，因此可以采用厌氧技术（设施）对污水进行厌氧发酵，不仅可以将污水中的不溶性大分子有机物变为可溶性小分子有机物，为后续处理技术提供重要的前提，而且在厌氧处理过程中，微生物所需营养成分减少，可杀死寄生虫及杀死或抑制各种病原菌，同时，通过厌氧发酵，还可产生有用的沼气，开发生物能源。但厌氧发酵处理也存在缺点，由于规模化畜禽养殖场排放的污水量大，建造厌氧发酵池和配套设备投资大；处理后污水的氨氮含量仍然很高，达不到排放标准，仍需要其他处理工艺；利用厌氧所产生的沼气作为燃料、照明和发电时，稳定性受外界环境特别是气温变化的影响。

厌氧发酵可分为如下两个阶段：

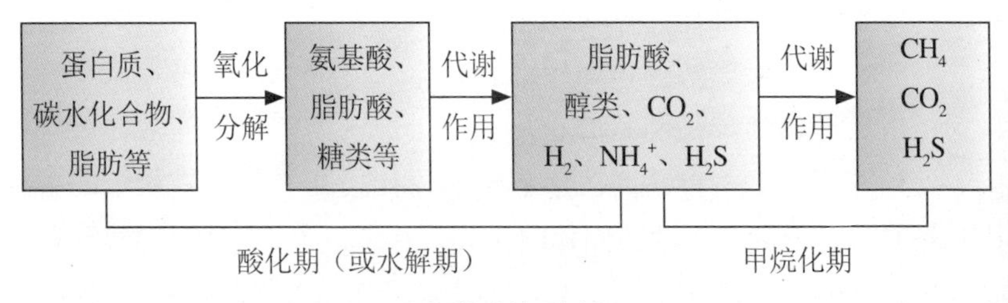

厌氧发酵处理过程

厌氧处理方法很多，按消化器的类型分，可分为常规型、污泥滞留型和附着膜型。常规型消化器包括常规消化器、连续搅拌反应器（STR）和塞流式消化器。污泥滞留型消化器包括厌氧接触工艺（ACP）、升流式固体反应器（USR）、升流式厌氧污泥床反应器（UASB）、折流式反应器等。附着膜型反应器包括厌氧滤器（AF）、流化床（FBR）和膨胀床（EBR）等。常规型消化器一般适宜于料液浓度较大、悬浮物固体含量较高的有机废水，污泥滞留型和附着膜型消化器主要适用于料液浓度低、悬浮物固体含量少的有机废水。

（1）连续搅拌反应器

连续搅拌反应器（STR）在我国也称完全混合式沼气池，做法为将发酵原料连续或半连续加入消化器，经消化的污泥和污水分别由消化器底部和上部排出，所产生的沼气则由顶部排出。利用 STR 可对水冲清粪或水泡清粪后产生的畜禽污水进行厌氧处理，优点是处理量大、产沼气量多、便于管理、易起动、运行费用低；缺点是反应器容积大、投资多、污水的后续处理麻烦。

（2）升流式厌氧污泥床反应器

升流式厌氧污泥床反应器（UASB）属于微生物滞留型发酵工艺，污水从厌氧污泥床底部流入，与污泥层中的污泥进行充分接触，微生物分解有机物产生的沼气泡向上运动，穿过水层进入气室，污水中的污泥发生絮凝，在重力作用下沉降，处理出水从沉淀区排出污泥床外。UASB 工艺一般用于处理固液分离后的有机污水，优点是消化器容积小、投资少、处理效果好；缺点是产沼气量相对较少、起动慢、管理复杂、运行费用稍高。

在有机负荷为每天 COD 8~10 千克 / 米 ^{3} 条件下，UASB 对猪场废水 COD 去除率可达到 75%~85%。采用含两级 UASB 反应器的一体化生物消化系统处理猪场废水，可取得良好的处理效果，如果增加停留时间，可以满足农用要求。

（3）其他厌氧工艺

采用厌氧折流板反应器（ABR）处理规模化猪场污水，常温条件下容积负荷可达到每天 COD 8~10 千克 / 米 ^{3}，COD 去除率稳定在 65% 左右，表现出比一般厌氧反应器启动快，运行稳定，抗冲击负荷的能力强等特点。对厌氧—加原水—间隙曝气（Anarwia）工艺与厌氧—序批操作反应器（SBR）工艺及 SBR 净化猪场废水的技术经济研究分析，厌氧—SBR 工艺去除效率低，处理出水污染物浓度高，不适于猪场废水处理；Anarwia 的处理效果与 SBR 相当，污染物去除率高，出水 COD 和氨氮浓度低，达到国家《畜禽养殖业污染物排放标准》。

覆膜沼气池是目前在大规模畜禽养殖场较为流行的沼气发酵工艺，这种工艺集发酵、贮气于一体，采用防渗膜材料将整个厌氧塘进行全封闭，具有施工简单、方便、快速、造价低，工艺流程简单，运行维护方便，以及污水滞留时间长、消化充分、密封性能好、日产沼气量多等优点，同时池底设自动排泥装置，池内污泥量少。

3．好氧处理

主要依赖好氧菌和兼性厌氧菌的生化作用来完成废水处理过程的工艺，称为好氧处理。好氧处理可分为天然和人工两类。天然条件下好氧处理一般不设人工曝气装置，主要利用自然生态系统的自净能力进行污水的净化，如天然水体的自净、氧化塘处理和土地处理等。人工条件下的好氧处理采取向装有好氧微生物的容器或构筑物不断供给充足的氧气，利用好氧微生物来净化污水。该方法主要有活性污泥法、氧化沟法、生物转盘法、SBR、生物膜法、人工湿地等。

好氧处理法处理畜禽场污水能有效降低污水COD，除氮、磷。采用好氧处理技术处理畜禽场污水，大多采用SBR、氧化沟法、缺氧—好氧处理工艺（A/O），尤其SBR对高氨氮的畜禽场污水有很好的去除效果，国内外大多采用SBR作为畜禽场污水厌氧处理后的后续处理。好氧处理技术也有缺点，如污水停留时间较长，需要的反应器体积大，且耗能大、投资高。

（1）SBR

SBR是一种按间歇曝气方式运行的活性污泥污水处理技术。与传统污水处理工艺不同，SBR采用时间分割的操作方式替代空间分割的操作方式，非稳定生化反应替代稳定生化反应，静置理想沉淀替代传统的动态沉淀。它的主要特征是在运行上的有序和间歇操作，SBR的核心是SBR反应池，该池集均化、初沉、生物降解、二沉等功能于一池，无污泥回流系统。

（2）人工湿地

人工湿地是模仿自然生态系统中的湿地，经人为设计、建造的，在处理床上种植水生植物或湿生植物用于处理污水的一种工艺，它是结合生物学、化学、物理学过程的污水处理技术设施。通过人工湿地的处理床、湿地植物及微生物，以及三者的相互作用，不仅可以去除污水中的大部分 SS 和部分有机物，而且对畜禽场污水中氮、磷、重金属、病原体的去除更具潜力，并具有运行维护方便等优点。

集约化畜牧场污水排放量大，经过固液分离、厌氧处理、好氧处理后，出水中 COD 和 SS 含量仍然较高，尚需进行二级处理方可达到排放标准。人工湿地的应用可以有效地解决这一问题。人工湿地的基质可由碎石构成，在碎石床上栽种耐有机物污水的高等植物，当污水渗流石床后，在一定时间内碎石床会生长出生物膜，在近根区有氧情况下，生物膜上的大量微生物把有机物氧化分解成二氧化碳和水，通过氨化、硝化作用把含氮有机物转化为含氮无机物。在缺氧区，通过反硝化作用脱氮。所以人工湿地碎石床既是植物的土壤，又是一种高效化的生物滤床，是一种理想的全方位生态净化方法。可构建若干个串联的潜流式人工湿地用于畜禽场污水的处理。人工湿地的构建如图所示，内填充粒径 3~5 厘米的碎石 60 厘米作为处理床，处理床上种植风车草。湿地进水通过位于湿地前部的进水槽从处理床前端底部分多孔均匀进水，从另一端上部多孔均匀出水。

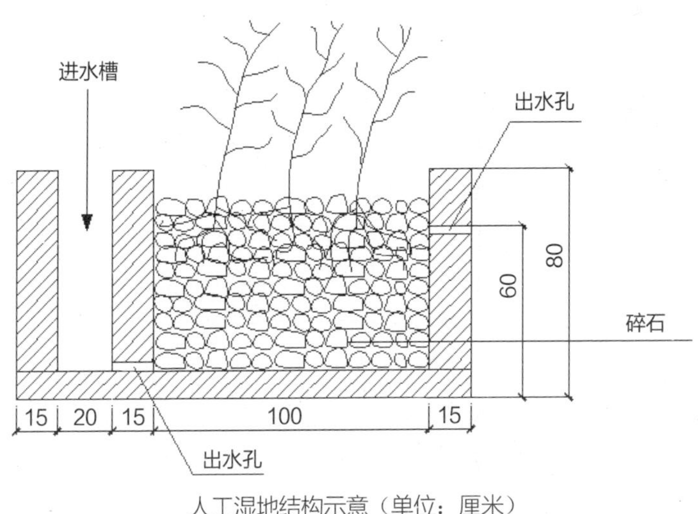

人工湿地结构示意（单位：厘米）

研究表明，分别以香根草和风车草为人工湿地植被，4 个季节对 COD 和生化需氧量（BOD）有较稳定的去除效果，COD 和 BOD 去除率均保持在 50% 以上，夏季进水 COD 高达 1 000~1 400 毫克 / 升的情况下，COD 去除率接近 90%，而且 COD、BOD 和 SS 的去除率在两种湿地间没有显著差异。丁晔等人研究了 3 套不同基质垂直流人工湿地在不同季节处理猪场污水的运行效果，结果表明，垂直流人工湿地对有机污染物的去除效果随季节变化差异不明显。传统型碎石床湿地系统氨氮去除率在各季节稳定在 52%，而沸石和沸石＋煤渣型系统冬季氨氮去除率随季节的变化而不同，秋季的去除率最高，分别为 89.8% 和 93.4%，冬季最低，分别为 64.2% 和 73.5%。Poach 等人研究了在不同氮负荷下人工湿地对猪场污水的处理效果，结果表明，总悬浮物（TSS）的去除率保持在 35%~51%，COD 的去除率为 30%~50%，总氮的去除率为 37%~51% ，总磷的去除率为 13%~26%。国外不仅利用人工湿地处理畜禽养殖业污水，而且还将其应用于对水产养殖水体进行水质净化，研究选用不同的植物、不同的处理床对水体中悬浮性固体、有机质、氮和磷等进行去除及去除效率。

（3）氧化塘

氧化塘是指天然的或经过一定人工修整的有机污水处理池塘。近年来，氧化塘技术在畜牧业废水处理中被广泛地应用，根据畜禽养殖场污水氮高、磷高、溶解氧低的特点，可采用比前面 3 个环节占地更大的氧化塘，如水生植物塘、鱼塘。

浮水植物净化塘是目前研究应用最广泛的水生植物净化系统，经常作为畜禽粪污水厌氧消化排出液的接纳塘，或是厌氧＋好氧处理出水的接纳塘，其中最常用的浮水植物是水葫芦，其次是水浮莲和水花生。鱼塘是畜禽场最常用的氧化塘处理系统，通常也是畜禽场污水处理工艺的最后一个环节，它不仅简单、经济、实用，而且有一定经济回报，在我国南方地区应用非常普遍。

建设中的地埋式厌氧池

厌氧发酵罐

曝气池

五、病死畜禽无害化处理技术

畜禽养殖过程中部分畜禽因病死亡是客观存在和不可避免的，病死畜禽含大量病原体，是引发疫情的重要传染源，必须进行无害化处理。此外，家畜分娩中产生的胎盘及死胎也应该进行相应的无害化处理。病死畜禽的无害化处理，是指用物理、化学、生物等方法处理病死畜禽尸体、胎盘及死胎等，消灭其所携带的病原体，减少腐臭，消除危害的过程。病死畜禽的处理主要有焚烧法、深埋法、化尸窖法、生物发酵法等。

（一）焚烧法

焚烧法是指在焚烧容器内，使畜禽尸体在富氧或无氧条件下进行氧化反应或热解反应，消灭其所携带的病原体，消除畜禽尸体危害的过程。如畜禽养殖场附近有专门的焚烧场所，病死畜禽及家畜胎盘等可运送到焚烧场进行专业焚烧处理，运送过程需做好密封处理，防止散播病原。如无专业焚烧场进行专业焚烧处理，可自建小型焚烧炉，利用沼气、木材或柴油对病畜禽进行焚烧处理。焚烧前可视情况对个体较大的病死家畜尸体进行破碎预处理，尸体投入焚烧炉时要严格控制尸体投入频率和重量，使物料能够充分与空气接触，保证完全燃烧。利用焚烧法处理病死畜禽要安装废气导管、烟气净化系统及喷淋装置确保烟气排放达标。

中小规模畜禽养殖场一般建有沼气池，沼气中主要含甲烷，甲烷既是优质的生物质能源也是强效的温室气体，等质量甲烷的温室效应为二氧化碳的 21~25 倍，所以，利用不完的沼气不宜直接排入大气，而应将其燃烧成二氧化碳后再排入大气，以利于环保。中小规模畜禽养殖场通常未配套相应的沼气发电设施，沼气池所产生的沼气往往只作为生活燃气使用，沼气尚有富余，利用沼气进行病死畜禽无害化处理既解决了沼气的温室效应问题，又解决了病死畜禽无害化处理的问题。因此，中小规模畜禽养殖场建设沼气焚烧炉对病死畜禽进行无害化处理是最有效、最彻底、最经济的处理方法。沼气焚烧炉内径 1.8~2 米，炉膛高 1.8 米左右，焚烧炉整体高度 6 米左右；炉膛内设置双层沼气炉头，两炉头相距 1.5 米左右，底层炉头在炉膛漏缝层下 5 厘米左右，底层炉头焚烧不完全的物质上升到第二层沼气炉头再燃烧，使病死畜禽的可燃物质充分燃烧以减少对大气的污染；炉膛口宽约 90 厘米，高约 50 厘米，方便将病死畜禽投入焚烧炉；需注意的是焚烧炉所用建筑材料需耐高温。

沼气焚烧炉

沼气焚烧炉底部

沼气焚烧炉双炉头及出灰沟

（二）深埋法

深埋法是将病死畜禽等进行深坑掩埋的方法。掩埋坑要选择地势高燥，处于下风向的地点，应远离养殖场、屠宰加工场所、饮用水源地、居民区、集贸市场、学校等人口集中区域，也要远离河流、公路、铁路等主要交通干线，掩埋坑容积以实际处理畜禽尸体数量来确定，掩埋坑底应高出地下水位1.5米以上，需撒上一层厚2~5厘米的生石灰，每放置一层畜禽尸体都需撒上一层生石灰进行覆盖，最上层距离地表1.5米左右，用泥土覆盖并稍加拍实，以防止被狗或其他野生动物掘开，并设置警示牌以防他人无意挖开。掩埋完成后，立即用氯制剂、漂白粉或生石灰等消毒药对掩埋场所及周围进行1次彻底消毒。掩埋后的一周内应每日巡查1次，第二周起应每周巡查1次，连续巡查3个月，掩埋坑塌陷处应及时加盖覆土。

（三）化尸窖法

化尸窖法是用化尸窖处理病死畜禽的方法。畜禽养殖场的化尸窖应结合本场地形特点，建在下风向，远离取水点。化尸窖容积根据本场饲养量合理设计，化尸窖应为砖和混凝土，或者钢筋和混凝土密封结构，应进行防渗、防漏处理，在顶部设置投置口，并加盖密封、加双锁，设置异味吸附、过滤等除味装置。投放前，应在化尸窖底部铺洒一定量的生石灰或消毒液，投放后，投置口密封加盖、加锁，并对投置口、化尸窖及周边环境进行彻底消毒。一个畜禽养殖场应设置2个以上化尸窖轮流使用，当化尸窖内动物尸体达到容积的3/4时，应停止使用并密封，待封闭在尸窖内的尸体完全分解后，方可重新启用。化尸窖周围应设置围栏、设立醒目警示标志及管理人员姓名和联系电话公示牌，实行专人管理。应注意化尸窖维护，发现破损、渗漏应及时修复。

化尸窖

（四）生物发酵法

生物发酵法是利用微生物发酵处理病死畜禽尸体并制作有机肥的处理方法。生物发酵采用堆肥发酵方法和发酵罐发酵方法，堆肥发酵方法主要有密闭箱式堆肥、静态垛堆肥、条垛堆肥和仓式堆肥。

密闭箱式堆肥是将病死畜禽尸体放在密闭的容器中进行堆肥降解，适用于小型尸体堆肥。静态垛堆肥和条垛堆肥是在开放的地面上进行堆肥，适用于体型较大的病死家畜或需要堆肥处理的病死畜禽较多的堆肥方式。仓式堆肥是通过使用木板、草垛或水泥墙筑成一个具有三面墙体，一面敞开的堆肥场地，适用于较大的病死家畜或需要堆肥处理的病死畜禽较多的堆肥方式，便于使用机械进行翻堆，建筑成本较高。畜禽养殖场应根据类型、规模、死亡动物数量及堆肥成本等选择合适的堆肥处理方式。

堆肥发酵场建设地点的选择要遵循不污染地下水和地表水，有利于生物安全防护和不影响居民生活、生产的原则。病死畜禽堆肥降解过程中会发生液体渗出，这些渗出液通过渗透作用进入地下水或地表水会造成污染，因此，堆肥场要选择在距离湖泊、溪流、鱼塘、排水沟不少于 300 米，并且距离地下水位不少于 1 米的低渗透性地点。堆肥场地面要做防渗措施，对地面进行水泥硬化后再覆盖防渗布，对堆肥场做防雨、防雪设施，防止因雨雪增加堆肥渗出液，修建专门的渗出液通道便于收集和处理渗出液。病死畜禽含有大量病原微生物，为防止细菌和病毒在堆肥运输尸体中传播，畜禽尸体堆肥场地要选择在养殖区外，修建专用的运输尸体道路，降低病原传播风险，堆肥场要做防食腐动物的栅栏或围墙。畜禽尸体堆肥场地要远离居民区、公共场所及主要交通线。

病死畜禽堆肥降解过程需要使用一些农林废弃物作为辅料为堆肥发酵补充碳源、调控含水量和增加堆体孔隙度（增加含氧量）。常用的堆肥辅料有玉米秸秆、花生壳、木屑、干草、稻壳、稻草、树叶等。

堆肥发酵场内分成若干个发酵仓，可轮流使用。病死畜禽发酵处理前，在堆肥发酵场地或发酵池底覆盖30厘米（如果堆肥的尸体较大，增加到 60 厘米）厚辅料（稻糠、木屑等混合物，辅料中加入特定生物制剂发酵更好），辅料上平铺尸体，勿将尸体叠放（如果是体型较小的畜禽，可适当叠放，但叠放厚度不超过 10 厘米），堆积多层尸体发酵时，每层尸体之间铺设的辅料厚度为 30 厘米左右，最顶层畜禽尸体上覆盖厚度为 60 厘米左右的辅料层，顶层辅料要覆盖畜禽尸体各个部

位，注意防止四肢在外裸露。堆体高度随需处理尸体数量而定，一般控制在 1.8 米内，以方便操作。病死畜禽堆肥发酵一般分为三期，第一期的发酵时间与单个尸体块重量的平方根成正比，即第一期的发酵时间（天）约等于单个尸体块重量（千克）平方根的 7.5 倍，最低不少于 10 天；第一期发酵结束后对堆垛进行翻堆进入第二期发酵，第二期的发酵时间约为第一期时间的 1/3，但最低不少于 10 天；第三期为贮存期，也是对堆肥进行进一步熟化、固化和等待还田利用阶段，时间不少于 30 天，可以单独贮存熟化，也可与需熟化的畜禽场粪渣堆肥发酵物一起混合进行熟化。腐熟后的发酵物可作有机肥还田利用，部分可作为辅料回用于病死畜禽堆肥。发酵后的骨头等残留物做掩埋和焚烧处理，也可回收放入新的堆肥系统从第一期开始新的发酵降解。

堆肥发酵过程要注意堆肥辅料水分控制。堆肥辅料含水量和微生物发酵及堆肥渗出液关系密切，辅料干燥不利于微生物对尸体有机成分进行分解，含水量过高堆肥降解中渗出液产生过多。辅料含水量控制在 25%~50%，以用手抓辅料成团但不会有液体渗出为宜。堆肥堆发酵过程中有渗出液后要在堆肥场地周边用辅料吸收渗出液，防止渗出液对水源造成污染。

此外，堆肥第一期时间除可依据尸体重量进行估算外，也可通过对堆肥内部畜禽尸体温度监测来确定翻堆时间，当堆肥内部温度低于 43.3℃或连续几天温度下降时可以进行翻堆进入尸体堆肥发酵第二期。翻堆后进入堆肥发酵第二期时要对堆垛水分进行调节，含水量高，需要添加新的辅料；含水量低，需要加水增加湿度。

发酵罐发酵处理方式是利用专用病死畜禽发酵处理设备，在设备内将病死畜禽绞碎并与辅料和发酵菌种按一定比例混合、加温发酵的处理方式，具有发酵时间短、占地面积少的优点，发酵物呈粉末状，可以单独贮存熟化，也可与需熟化的畜禽场粪渣堆肥发酵物一起混合进行熟化，但耗电量较大。

需注意的是，因重大动物疫病或人畜共患病死亡的畜禽不得使用发酵法处理。

病死畜禽无害化处理机

病死畜禽的堆肥发酵

六、畜禽废弃物资源化利用技术

（一）沼气利用

厌氧发酵所产生的大量沼气需作为能源充分利用，可用来发电、热水循环供暖、焚烧病死畜禽，以及作为生活用燃料等，沼气中的主要成分为甲烷，甲烷既是优质的生物质能源也是强效的温室气体，等质量甲烷的温室效应为二氧化碳的 21~25 倍，所以，利用不完的沼气不宜直接排入大气，而应将其燃烧成二氧化碳后再排入大气，以利于温室效应的控制。另外，沼气中含有少量的硫化氢，硫化氢燃烧会产生二氧化硫，二氧化硫遇水形成硫酸，硫酸具有强腐蚀性，因此，沼气在利用前需进行脱硫处理。

沼气燃气炉

沼气发电机

（二）固态有机肥及沼液的利用

1. 固态有机肥的利用

粪是饲料经消化后排出的物质，其成分主要是纤维素、半纤维素、木质素、蛋白质及其分解产物，如脂肪酸、有机酸及某些无机盐类。尿是经消化吸收后排出的液体，其成分是水和水溶性物质，主要含有尿素、尿酸和钾、钠、钙、镁等无机盐。粪尿中含有丰富的有机质和氮、磷、钾及微量元素等。畜禽粪尿数量大，养分丰富，所占的养分占农村有机肥料总量的 63%~72%。

畜禽粪尿的成分因家畜的种类和大小及饲料等的不同而异。其中猪粪含有机质 15%、全氮 0.55%、水解氮 4.14 毫克 / 千克、全磷 0.4%、有效磷 4.14 毫克 / 千克、全钾 0.44%、速效钾 7.28 毫克 / 千克、氧化钙 0.09%；猪尿含有机质 2.5%、全氮 0.3%、全磷 0.12%、全钾 0.95%、氧化钙 1%。猪粪质地较细，含纤维少，养分含量高，腐熟后的猪粪等可形成大量的腐殖质和蜡质，而且阳离子交换量高。蜡质能防止土壤毛管水分的蒸发，对于保持土壤水分有一定的作用。猪粪含有较多的氨化细菌，劲柔，后劲长，既长苗，又壮稞，使作物籽粒饱满。

禽粪中含有丰富的养分和较多的有机质。按干重计，还含有3%~6% 的钙，1%~3% 的镁和微量元素。鸡粪含有机质 25.5%、全氮 1.63%、全磷 1.54%、全钾 0.85%。禽粪中绝大多数养分为有机态，肥效稳长。

除氮、磷、钾外，畜禽粪便还含有中、微量营养元素。其含量范围为：镁 0.07%~0.25%，硫 0.05%~0.28%，铁 36~422 毫克 / 千克，锰 9~54 毫克 / 千克，铜 5~14 毫克 / 千克，锌 0.5~50 毫克 / 千克，硼 9~54 毫克 / 千克。因此用畜禽粪便制成的固态有机肥，是作物的优质肥料，适宜用于各种土壤和作物，既可做底肥也可做追肥。该类肥料肥效长、供肥平稳，培肥地力效果好，具有改良土壤、增加土壤通气保水性能、减少化肥流失、提高农产品产量、改善农产品质量的作用。可用于蔬菜、花卉、果树等作物的栽培。具体施用量及施肥方法需视作物品种、土壤肥力及有机肥养分含量而定。

（1）花生施肥方法

方案 1：每亩（亩为已废除单位，1 亩 ≈ 666.67 米 ^{2}）基施畜禽固态有机肥 1 000~2 000 千克，复合肥（N、P、K：12-15-15）35~50 千克。

方案 2：每亩基施畜禽固态有机肥 1 000~2 000 千克，尿素 7~14 千克，过磷酸钙 30~55 千克，硫酸钾或氯化钾 6~16 千克。

（2）甘薯施肥方法

方案 1：每亩基施畜禽固态有机肥 500~1 000 千克，复合肥（N、P、K：15-15-10）40~50 千克，起垄前开沟施入垄心。

方案 2：每亩基施畜禽固态有机肥 500~1 000 千克，尿素 8~10 千克，磷酸二铵 8~12 千克或过磷酸钙 30~45 千克，硫酸钾 5~10 千克，起垄前开沟施入垄心。

（3）甘蔗施肥方法

每亩基施畜禽固态有机肥 1 000~1 500 千克，尿素 10 千克，复合肥 60 千克，氯化钾 15 千克。在下种前施于植沟中，与土壤混匀，下种后盖土。分蘖期每亩施尿素 10 千克，氯化钾 15 千克。沟施或穴施。伸长初期大培土每亩追施尿素 30 千克。

（4）蔬菜施肥方法

蔬菜品种多样，生长期短，一年可多茬栽培，产量高，根系分布浅，需要多次施肥。如果降雨较多时需要及时补肥，特别是氮肥。每次施氮每亩最好不要超过 10 千克。对于保护地（温室大棚）蔬菜，新棚每季每亩基施固态有机肥 6~8 米^3，老棚每季每亩基施固态有机肥 5~6 米^3；对于露地蔬菜，每季每亩基施固态有机肥 3~4 米^3。早春温度低，土壤有机养分供肥慢，前期追肥要跟上，5 月后减少氮肥追施，增加钾肥的施用。初秋温度高，土壤有机营养供应能力强，以控为主，不要追肥。

①黄瓜。

基肥（定植前半月）：保护地亩施有机肥 6~8 米^3，磷（P_2O_5）10~15 千克，钾（K_2O）10~15 千克。露地亩施有机肥 3~5 米^3，磷（P_2O_5）10~15 千克，钾（K_2O）10~15 千克。

苗期：保护地亩施氮（N）2~3 千克，1~2 次。露地亩施氮（N）2~3 千克，1 次。

初瓜期：保护地亩施氮（N）3~4 千克，钾（K_2O）4~6 千克，1~2 次。露地亩施氮（N）3~4 千克，钾（K_2O）4~6 千克，1 次。

盛瓜期：保护地亩施氮（N）3~4 千克，钾（K_2O）4~6 千克，6~8 次。露地亩施氮（N）3~4 千克，钾（K_2O）4~6 千克，2~3 次。

②番茄。

基肥：保护地亩施有机肥 6~8 米^3，氮（N）4~5 千克，磷（P_2O_5）5~8 千克，钾（K_2O）8~10 千克。露地亩施有机肥 3~5 米^3，氮（N）4~5 千克，磷（P_2O_5）5~8 千克，钾（K_2O）8~10 千克。

追肥：保护地第一次追肥在第一穗果膨大到乒乓球大小时，亩施氮（N）4~5 千克，钾（K_2O）5~6 千克。露地第一次追肥在第一穗果膨大到乒乓球大小时，亩施氮（N）4~5 千克，钾（K_2O）5~6 千克。

保护地第二次追肥在穗果膨大到乒乓球大小时，亩施氮（N）4~5千克，钾（K_2O）5~6千克。露地第二次追肥在穗果膨大到乒乓球大小时，亩施氮（N）4~5千克，钾（K_2O）5~6千克。

保护地第三次追肥在第二穗果即将采收、第三穗果膨大到乒乓球大小时，亩施氮（N）4~5千克，钾（K_2O）5~6千克。

③茄子。

基肥：保护地亩施有机肥6~8米^3，氮（N）4~5千克，磷（P_2O_5）5~8千克，钾（K_2O）8~10千克。露地亩施有机肥3~5米^3，氮（N）4~5千克，磷（P_2O_5）5~8千克，钾（K_2O）8~10千克。

幼苗期：保护地亩施氮（N）4~5千克，钾（K_2O）6~7千克，1次。露地亩施氮（N）4~5千克，钾（K_2O）6~7千克，1次。

开花结果前期：保护地亩施氮（N）4~5千克，钾（K_2O）6~7千克，1次。露地亩施氮（N）4~5千克，钾（K_2O）6~7千克，1次。

开花结果盛期：保护地亩施氮（N）4~5千克，钾（K_2O）3~5千克，4~8次。露地亩施氮（N）4~5千克，钾（K_2O）3~5千克，1~2次。

④白菜、结球甘蓝、花椰菜。

基肥：亩施有机肥3~6米^3，氮（N）4~5千克，磷（P_2O_5）8千克，钾（K_2O）8~10千克。

追肥：莲座期亩追氮肥（N）3~5千克。包心前期亩追氮肥（N）5~8千克。甘蓝包心中期亩追氮肥（N）4~6千克，大白菜、花椰菜可适当增加。

⑤生菜。

基肥：亩施有机肥3~5米^3，氮（N）2~4千克，磷（P_2O_5）8千克，钾（K_2O）8~10千克。注意施用硼肥和钼肥。

追肥：发棵期每亩追氮（N）3~5千克。产品器官形成期每亩追氮（N）4~6千克，钾（K_2O）8~10千克，分两次施用。

⑥芹菜。

基肥：亩施有机肥3~5米^3，氮（N）4~5千克，磷（P_2O_5）5~8千克，

钾（K_2O）8~10 千克。注意施用硼肥和钼肥。

追肥：在心叶展出时，每亩追氮（N）3~5 千克。在旺盛生长前期（8~9 叶），每亩追氮（N）3~5 千克，钾（K_2O）5~6 千克。在旺盛生长中期，每亩追氮（N）3~5 千克。

⑦萝卜。

基肥：亩施有机肥 3~5 米^3，氮（N）4~5 千克，磷（P_2O_5）5~8 千克，钾（K_2O）8~10 千克。注意施用硼肥和钼肥。

追肥：在 2~3 片真叶展出时第一次追肥，每亩追氮（N）3 千克左右（如基肥氮素充足，也可不施）。进入肉质根膨大前期，每亩追氮（N）3~5 千克，钾（K_2O）4~6 千克。进入肉质根生长盛期，每亩追氮（N）3 千克，钾（K_2O）5~8 千克。

（5）果树施肥方法

果树的根系密度低，但分布深而广，垂直分布集中在 10~60 厘米，水平分布集中在距离树干 50~150 厘米，施肥应集中在此区域。果树常用施肥方法有环状沟施、放射状沟施、条状沟施、穴贮肥水技术等。果树幼树期应施足氮、磷肥，适当配施钾肥。结果初期重视磷肥，配施氮、钾肥。盛果期氮、磷、钾配合，提高钾肥比例。衰老期以氮为主，适当重视磷、钾肥。

①葡萄。

采收后：亩施有机肥 4 000~5 000 千克，尿素 10 千克，过磷酸钙 45 千克。

开花前：方案 1，亩施复合肥（N、P、K：20-10-10）23 千克。方案 2，亩施尿素 10 千克，过磷酸钙 25 千克。

幼果膨大期：方案 1，亩施复合肥（N、P、K：20-10-10）23 千克。方案 2，亩施尿素 5 千克，硫酸钾 10 千克。

浆果期：亩施硫酸钾 10 千克。

②柑橘。

萌芽期：方案 1，每株施用有机肥 20~30 千克，高氮复合肥（N、

P、K：20-6-8）1 千克。方案 2，每株施用有机肥 20~30 千克，尿素 0.4~0.5 千克，过磷酸钙 0.6~1 千克，氯化钾 0.1~0.2 千克。

果实膨大期：方案 1，每株施复合肥（N、P、K：15-10-15）1 千克。方案 2，每株施尿素 0.3~0.4 千克，过磷酸钙 0.4~0.5 千克，氯化钾 0.2~0.4 千克。

果实成熟期：方案 1，每株施复合肥（N、P、K：18-12-12）1 千克。方案 2，每株施尿素 0.3~0.4 千克，过磷酸钙 0.7~1.0 千克，氯化钾 0.2 千克，硫酸镁 0.5 千克。

③荔枝。

收果后 1~2 周：方案 1，每株施用有机肥 20~30 千克，高氮复合肥（N、P、K：20-10-10）1.5~2 千克。方案 2，每株施用有机肥 20~30 千克，尿素 0.7~0.9 千克，过磷酸钙 1.3~1.7 千克，氯化钾 0.3 千克。

开花前后：方案 1，每株施高磷钾复合肥（N、P、K：10-20-20）0.5~1 千克。方案 2，每株施尿素 0.1~0.2 千克，过磷酸钙 0.8~1.7 千克，氯化钾 0.2~0.3 千克。

坐果期：方案 1，每株施高磷钾复合肥（N、P、K：13-10-21）0.8~1.2 千克。方案 2，每株施尿素 0.2~0.4 千克，过磷酸钙 0.6~1 千克，氯化钾 0.3~0.4 千克。

④龙眼。

采果前 10~15 天：方案 1，每株施用有机肥 2~4 千克，复合肥（N、P、K：20-10-10）1~1.5 千克。方案 2，每株施用有机肥 2~4 千克，尿素 0.4~0.7 千克，过磷酸钙 0.8~1.3 千克，氯化钾 0.2~0.3 千克。

开花前：方案 1，每株施高磷钾复合肥（N、P、K：10-20-20）0.25~0.5 千克。方案 2，每株施尿素 0.1 千克，过磷酸钙 0.4~0.8 千克，氯化钾 0.1~0.2 千克。

幼果期：方案 1，每株施复合肥（N、P、K：13-10-21）1 千克。方案 2，每株施尿素 0.3 千克，过磷酸钙 0.8 千克，氯化钾 0.4 千克。

果实膨大期：采果前40天左右停止土壤施肥，可叶面喷施磷酸二氢钾。

（6）成年采摘茶树施肥方法

基肥（9月下旬至10月上旬）：每亩施有机肥100~150千克，尿素10~15千克，钙、镁、磷肥30~40千克，硫酸钾10~15千克。

春茶追肥：每亩施尿素10~20千克。

秋茶追肥：每亩施尿素10~15千克。

2．沼液利用

畜禽养殖污水厌氧发酵后形成的沼液是优质高效的液态有机肥，厌氧发酵原料中的氮、磷、钾有90%以上保留其中，还含有多种氨基酸、植物生长素和有益微生物，对提高种子发芽率、促进作物生长、提高农作物品质、拮抗农作物病虫害有明显效果。沼液呈弱碱性，对南方酸性土壤有改善酸碱度的作用。沼液中氮和钾主要以速效的形态存在，能迅速被作物吸收利用；而沼液中速效磷只占总磷的30%左右，大部分的磷与有机物结合可起到缓释作用。沼液既可作基肥，亦可作追肥和叶面肥施用。研究表明，农作物在施用最佳沼液量时，不会造成地表水的富营养和土壤中的重金属富积。但农作物施用沼液时需特别注意的是：不同畜禽养殖场沼液中氮、磷、钾浓度差异巨大，同时不同作物品种对养分的需求亦相差较大，导致现有研究中每亩沼液的施用量从数吨到数百吨不等，因此，在施用沼液时必须对沼液进行养分含量测定，并根据作物品种和土地肥力情况，决定每亩的施用量。

菜地沼液喷淋设施

苗木喷淋设施

（三）畜禽粪污土地承载力

畜禽粪污土地承载力是指土地生态系统可持续运行的情况下，一定区域内耕地、林地和草原等所能承载的最大畜禽存栏量。此区域内的畜禽粪污全部或部分用于本区域内的植物施肥。因不同种类畜禽所产氮、磷养分量差异很大，为统一标准和方便计算，以猪当量来表示。猪当量指用于衡量畜禽氮、磷排泄量的度量单位，1 个猪当量的氮排泄量为 11 千克，磷排泄量为 1.65 千克，按存栏量折算，100 头猪相当于 15 头奶牛、30 头肉牛、250 只羊、2 500 只家禽。

畜禽粪污土地承载力与土地肥力、种植植物种类及其产量、粪肥管理方式有关。

（1）土壤根据氮、磷养分含量分为三级，分级标准见表 6-1。在不同土地肥力情况下，植物需要的氮、磷养分按施肥提供的比例有所不同，Ⅰ级土壤约 35% 的氮（磷）需要由施肥来提供，Ⅱ级土壤约 45% 的氮（磷）需要由施肥来提供，Ⅲ级土壤约 55% 的氮（磷）需要由施肥来提供。

表6-1　土壤氮、磷养分分级

土壤氮、磷养分分级		Ⅰ	Ⅱ	Ⅲ
土壤有效磷含量 / 毫克·千克$^{-1}$		＞40	20~40	＜20
土壤全氮含量 / 克·千克$^{-1}$	旱地（大田作物）	＞1.0	0.8~1.0	＜0.8
	水田	＞1.2	1.0~1.2	＜1.0
	菜地	＞1.2	1.0~1.2	＜1.0
	果园	＞1.0	0.8~1.0	＜0.8

注：数据引自《畜禽粪污土地承载力测算技术指南》（2018）。

（2）不同作物每形成 100 千克产量、林木每形成 1 米^3 木材所需要吸收的氮、磷量推荐值见表 6-2。

表6-2　不同作物形成100千克产量需要吸收养分量推荐

作物种类		氮/千克	磷/千克
大田作物	小麦	3.0	1.0
	水稻	2.2	0.8
	玉米	2.3	0.3
	谷子	3.8	0.44
	大豆	7.2	0.748
	棉花	11.7	3.04
	马铃薯	0.5	0.088
蔬菜	黄瓜	0.28	0.09
	番茄	0.33	0.1
	青椒	0.51	0.107
	茄子	0.34	0.1
	大白菜	0.15	0.07
	萝卜	0.28	0.057
	大葱	0.19	0.036
	大蒜	0.82	0.146

（续表）

作物种类		氮/千克	磷/千克
果树	桃	0.21	0.033
	葡萄	0.74	0.512
	香蕉	0.73	0.216
	苹果	0.3	0.08
	梨	0.47	0.23
	柑橘	0.6	0.11
经济作物	油料	7.19	0.887
	甘蔗	0.18	0.016
	甜菜	0.48	0.062
	烟叶	3.85	0.532
	茶叶	6.40	0.88
人工草地	苜蓿	0.2	0.2
	饲用燕麦	2.5	0.8
人工林地	桉树 *	3.3	3.3
	杨树 *	2.5	2.5

注：数据引自《畜禽粪污土地承载力测算技术指南》（2018），* 为每形成 1 米^{3}木材所需氮、磷的量。

（3）畜禽粪污土地承载力的测算。种植某种植物的土地每亩所能承载的最大畜禽存栏量 =[（某植物当季每亩预期产量 × 单位产量所需养分量 × 施肥供给养分所占比率 × 粪肥养分占施肥养分比率）÷ 粪肥养分当季利用率] ÷ 施肥时 1 个猪当量所能提供的养分量，单位为：猪当量 / 亩 / 当季。畜禽排泄出的粪污在收集、无害化处理和贮存过程中会损失部分氮、磷养分，畜禽排泄 1 个猪当量的氮、磷到施肥时，约能提供 7 千克氮、1.2 千克磷的养分。粪肥中氮当季利用率为 25%~30%，磷当季利用率为 30%~35%。土壤肥力Ⅱ级的土地，在施用粪肥提供的氮（磷）养分占施肥的氮（磷）养分比率为 50% 的情况下，以氮、磷为基础分别测算的种植不同植物的土地当季所能消纳畜禽粪污的最大能力分别见表 6-3 和表 6-4。当同一土地两种测算结果不一致时，取最小值。

表6-3　以氮为基础的不同植物土地承载力推荐

（土壤肥力Ⅱ，粪肥比例 50%，当季利用率 25%）

<table>
<tr><th colspan="2" rowspan="2">作物种类</th><th rowspan="2">目标产量/吨·公顷$^{-1}$</th><th colspan="2">土地承载力</th></tr>
<tr><th>粪肥全部就地利用</th><th>固体粪便堆肥外供+肥水就地利用</th></tr>
<tr><td rowspan="7">大田作物</td><td>小麦</td><td>4.5</td><td>1.2</td><td>2.3</td></tr>
<tr><td>水稻</td><td>6.0</td><td>1.1</td><td>2.3</td></tr>
<tr><td>玉米</td><td>6.0</td><td>1.2</td><td>2.4</td></tr>
<tr><td>谷子</td><td>4.5</td><td>1.5</td><td>2.9</td></tr>
<tr><td>大豆</td><td>3.0</td><td>1.9</td><td>3.7</td></tr>
<tr><td>棉花</td><td>2.2</td><td>2.2</td><td>4.4</td></tr>
<tr><td>马铃薯</td><td>20</td><td>0.9</td><td>1.7</td></tr>
<tr><td rowspan="8">蔬菜</td><td>黄瓜</td><td>75</td><td>1.8</td><td>3.6</td></tr>
<tr><td>番茄</td><td>75</td><td>2.1</td><td>4.2</td></tr>
<tr><td>青椒</td><td>45</td><td>2.0</td><td>3.9</td></tr>
<tr><td>茄子</td><td>67.5</td><td>2.0</td><td>3.9</td></tr>
<tr><td>大白菜</td><td>90</td><td>1.2</td><td>2.3</td></tr>
<tr><td>萝卜</td><td>45</td><td>1.1</td><td>2.2</td></tr>
<tr><td>大葱</td><td>55</td><td>0.9</td><td>1.8</td></tr>
<tr><td>大蒜</td><td>26</td><td>1.8</td><td>3.7</td></tr>
<tr><td rowspan="6">果树</td><td>桃</td><td>30</td><td>0.5</td><td>1.1</td></tr>
<tr><td>葡萄</td><td>25</td><td>1.6</td><td>3.2</td></tr>
<tr><td>香蕉</td><td>60</td><td>3.8</td><td>7.5</td></tr>
<tr><td>苹果</td><td>30</td><td>0.8</td><td>1.5</td></tr>
<tr><td>梨</td><td>22.5</td><td>0.9</td><td>1.8</td></tr>
<tr><td>柑橘</td><td>22.5</td><td>1.2</td><td>2.3</td></tr>
</table>

（续表）

作物种类		目标产量/吨·公顷$^{-1}$	土地承载力	
			粪肥全部就地利用	固体粪便堆肥外供+肥水就地利用
经济作物	油料	2.0	1.2	2.5
	甘蔗	90	1.4	2.8
	甜菜	122	5.0	10.0
	烟叶	1.56	0.5	1.0
	茶叶	4.3	2.4	4.7
人工草地	苜蓿	20	0.3	0.7
	饲用燕麦	4.0	0.9	1.7
人工林地	桉树 *	30	0.9	1.7
	杨树 *	20	0.4	0.9

注：数据引自《畜禽粪污土地承载力测算技术指南》（2018），* 目标产量单位为米^3/公顷，1 公顷 =15 亩。

表6-4　以磷为基础的不同植物土地承载力推荐

（土壤肥力Ⅱ，粪肥比例 50%，当季利用率 30%）

作物种类		目标产量/吨·公顷$^{-1}$	土地承载力	
			粪肥全部就地利用	固体粪便堆肥外供+肥水就地利用
大田作物	小麦	4.5	1.9	4.7
	水稻	6.0	2.0	5.0
	玉米	6.0	0.8	1.9
	谷子	4.5	0.8	2.1
	大豆	3.0	0.9	2.3
	棉花	2.2	2.8	7.0
	马铃薯	20	0.7	1.8

（续表）

作物种类		目标产量/吨·公顷$^{-1}$	土地承载力	
			粪肥全部就地利用	固体粪便堆肥外供+肥水就地利用
蔬菜	黄瓜	75	2.8	7.0
	番茄	75	3.1	7.8
	青椒	45	2.0	5.0
	茄子	67.5	2.8	7.0
	大白菜	90	2.6	6.6
	萝卜	45	1.1	2.7
	大葱	55	0.8	2.1
	大蒜	26	1.6	4.0
果树	桃	30	0.4	1.0
	葡萄	25	5.3	13.3
	香蕉	60	5.4	13.5
	苹果	30	1.0	2.5
	梨	22.5	2.2	5.4
	柑橘	22.5	1.0	2.6
经济作物	油料	2.0	0.7	1.8
	甘蔗	90	0.6	1.5
	甜菜	122	3.2	7.9
	烟叶	1.56	0.3	0.9
	茶叶	4.3	1.6	3.9
人工草地	苜蓿	20	1.7	4.2
	饲用燕麦	4.0	1.3	3.3
人工林地	桉树 *	30	4.2	10.4
	杨树 *	20	2.1	5.2

注：数据引自《畜禽粪污土地承载力测算技术指南》（2018），＊目标产量单位为米^3/公顷。

“猪—沼—果”种养结合生态养殖

七、主要处理利用模式

（一）高床发酵免冲水生态养猪模式

为适应国家对现代生态型农业发展的新要求及南方高温、高湿的气候特点，某食品集团有限公司在多年养猪生产和环保治理的探索实践中，创造了一种新型养猪模式——高床发酵生态养猪模式。此模式针对南方气候特点，建筑二层楼的高床猪舍使猪不与发酵床垫料接触，猪粪尿掉入发酵床，在养殖过程中进行原位发酵处理，使用完的发酵床垫料用来生产商品有机肥还田利用。目前，此公司属下的 3 个养猪基地皆用此模式处理粪污。

1．猪舍建筑

猪舍为两层楼建筑。底层为发酵床层，二层为养猪层。底层室内净空高度为 2.5~2.8 米，发酵床宽度为 3.5 米，高度为 0.8 米。猪舍二层屋檐高度为 2.5 米，栏面为预制漏缝板，通道为预制实心板。猪舍屋面为热镀锌 C 型钢＋ H 型钢＋阻燃隔热夹心瓦，坡度为 10%~15%。猪舍单元内的长宽比控制在（4~6）∶1，采用两个单元双拼结构，猪舍每个单元宽度为 10 米，长度为 40~60 米，栏位设计大小为长 4.5 米 × 宽 3.5 米。猪舍间距为 4~6 米。每头育肥猪占栏面面积为 0.875 米 ^{2}。两层单元之间外置走道相连。

高床垫料猪舍示意图

高床垫料猪舍实景

2．**通风及降温设施管理**

高床猪舍两层均安装通风系统，上层猪舍采用温控通风，安装湿帘、风机及温度控制器；下层猪舍风机主要用于排除垫料发酵产生的水汽和热量。舍内环境由温度控制器根据舍内温度自动调节风机的通风量进行控制，保证舍内的温、湿度处于最佳范围。当舍温达到 26℃以下时由天花板进风口进风，使新鲜空气均匀分布于猪舍；当舍温达到 26℃以上时，关闭天花板进风口，开启由水帘进风的隧道式通风模式，舍内最大风速达到 0.8~1 米 / 秒。

猪舍通风设备

猪舍天花板进风口

3．**发酵床管理**

高床猪舍底层在养猪前先铺设宽 3.5 米、厚 70~80 厘米垫料，垫料选择高碳、低含水率、高吸水性有机类物料，如木糠、米糠、稻壳、稻草或其混合物。养猪过程中可根据垫料使用时间来确定发酵床的翻堆频率，一般情况下，0~1.5 个月每周翻堆 1 次，1.5~3.5 个月隔天翻堆 1 次，3.5 个月后每天翻堆 1 次，具体需视堆体发酵情况做适当调整，堆体温度应保持在 50℃以上。垫料使用周期为半年至 1 年，当堆体温度下降到 50℃以下，含水量高于 70% 时，需更换垫料。每批次猪饲养过程中不消毒、不冲洗猪舍；批次间清除猪舍地面猪粪并采用火焰消毒；饲养 2~3 批次后（即垫料更换时）做一次彻底空栏冲洗消毒。空栏消毒前，要求将已基本腐熟的垫料移至有机肥车间。

室内外安装 12 号轻轨＋换轨车 9WC36 型＋槽式液压滚筒翻堆机 9YGF38C 型＋换轨车卷缆器＋翻堆机卷缆器。年出栏 2.5 万头猪的高床育肥舍配套 1 台翻堆机，5 万头猪的高床育肥舍配套 2 台翻堆机。

发酵床

翻堆机

4. **饮水及饲喂系统管理**

安装节水型杯式饮水器供猪饮水，水压控制在出水量每分钟 2 升左右，防止水压过大喷溅出杯外造成浪费，同时在饮水器下建地面凹型槽，收集滴漏的饮水至一层管道、管网排至室外水沟，防止饮用水进入发酵床，影响发酵床的好氧发酵。

高床猪舍需安装自动喂料系统，因为高床猪舍二层养猪，人工搬运饲料不方便、劳动量大，安装自动喂料系统可节省大量人工，另外，猪舍集中方便安装。

自动喂料系统及外走道

杯式饮水器及滴漏水凹型收集槽

5．有机肥厂的管理

高床猪舍养猪需配套有机肥厂，将猪舍清出的发酵垫料与蘑菇渣等辅料混合，调节适宜的含水率（50%~60%）和碳氮比（20~40）：1，并添加复合菌剂后送入一次发酵车间（一般采用槽式或条垛式堆肥方式），每天翻堆并采用间歇式鼓风曝气，以维持堆肥内部良好的好氧环境，保持堆体温度为50~75℃，一次发酵时间为15~20天；再将一次发酵后的物料移动到二次车间，每周对堆体进行一次翻堆，当堆肥内部温度下降到40℃以下即表明堆肥腐熟，二次发酵时间需20~30天；经检验合格产品进入肥料加工包装生产线，生产商品有机肥料还田利用。

有机肥厂

翻堆机

条垛堆肥及地面通风槽

鼓风机

6. **效益分析**

（1）投入成本分析

实践表明（表 7-1），年产 1 万头生产线的高床猪舍与传统养猪模式对比，土建投资及设备投入增加了 335.27 万元，但减少污水厂投入 135 万元。因此，高床发酵型生态养猪模式与传统养猪模式对比，增加固定资产投入 200.27 万元。

表7-1 高床发酵型生态养猪模式与传统养猪模式固定资产投入对比

项目对比	高床发酵型养猪模式（增加部分）		传统养猪模式	
	项目	费用/万元	项目	费用/万元
固定资产投入	猪舍建设增加部分	277.27	污水厂	135
	自动翻堆系统	29		
	增加的通风系统	29		
合计/万元	335.27		135	

实践表明（表 7-2），高床发酵型生态养猪模式运行情况良好，采用高床发酵型养猪模式，二层养猪过程中产生的猪粪尿全部进入一层发酵床发酵，之后移入有机肥生产车间中并加工为有机肥，年产 1 万头猪的生产线，生产有机肥料约 900 吨，年有机肥收入为 54 万元；每年需垫料购置费 35 万元、人工费 3.65 万元、电费 14.27 万元，故年收益为 1.08 万元。而采用传统养猪模式，年需投入污水厂运行费用约 14.6 万元。因此，高床发酵型生态养猪模式与传统养猪模式对比，年节省运行费用 15.68 万元。

表7-2　年产1万头高床发酵型生态养猪模式与传统养猪模式年运行费用明细

项目 对比	高床发酵型养猪模式		传统养猪模式	
	项目	费用/万元	项目	费用/万元
运行成本	垫料	35	—	—
	人工	3.65	人工	7.3
	电费	14.27	维修费	3
小计/万元	−52.92		−10.3	
有机肥收入/万元	54		5	
沼气发电			4	
生产用水	节省用水		−7.3	
生产员工减少成本	减少生产员工2人		−6	
对比分析/万元	1.08		−14.60	

（2）经济效益

实践表明，高床发酵型生态养猪模式与传统养猪模式比较，可提高育肥猪饲料转化率 0.04 和上市合格率 3%，提高了养猪生产水平。年产 1 万头高床养猪生产线，可年生产有机肥 900 吨，按 600 元 / 吨计，

年有机肥收入为 54 万元，除去垫料购置费、人工费及电费，则年收益为 1.08 万元（表 7-2）。

（3）生态效益

应用高床发酵型生态养猪模式，将养猪生产与养猪废弃物处理有机结合在一起，在养猪生产过程中不冲水，可节省 80% 养殖用水，从源头上减少了污水的产生。养猪生产过程中产生的废弃物转变成固体有机肥，无废水排放，同时大量降低臭气浓度。每年可减少 COD 排放 360 吨，减少氨氮排放 19.2 吨，基本解决了养猪废弃物的污染问题，实现了生态环保养殖。

此外，传统养猪模式肉猪头均占栏面面积为 1.1~1.5 米^2、猪舍间距 10 米，而高床猪舍头均占栏面面积为 0.875 米^2、猪舍间距仅为 5 米，因此，高床发酵型生态养猪模式比传统养猪模式减少 30% 的土地使用，提高了土地的利用率。该模式的主要效果如下：一是在养猪过程中不冲水，从源头上减少污水产生量；二是将养猪生产与废弃物处理有机结合在一起，利用微生物发酵原理，将猪粪尿转化为固体有机肥料，变废为宝，实现养猪废弃物的减量化、无害化和资源化利用；三是改善养殖环境，提高生产水平，增加养殖效益；四是节省土地，高效利用土地资源。

（二）微生物除臭 + 干清粪 + 沼气发酵养猪种菜零排放模式

某农业公司占地 5 000 亩，其中蔬菜基地 2 000 亩，砂糖橘种植基地 500 亩，桑树基地 500 亩，未开发利用地 1 600 亩。建有年出栏生猪 4.5 万头的猪场一个，实行种养结合的生态养殖模式。

1. 猪场污染物减量化措施

猪场通过机械通风、干清粪、雨污分流等措施减少猪场污水量，猪场日产污水量 300 米^3。猪舍及粪沟喷撒微生物制剂进行除臭及加快粪污中有机质的分解。

微生物菌剂

2．粪渣的无害化处理

公司配套有 4 500 米²的有机肥厂。干清粪和固液分离机分离出的猪粪渣运入有机肥厂，与辅料按 80∶20 的比例并加 0.5% 的菌剂混合均匀后进行堆肥发酵，辅料为玉米秸秆、蘑菇菌渣和米糠按 1.5∶0.5 的比例配制的混合物，玉米秸秆来源于蔬菜基地种植甜玉米收获的秸秆。堆肥发酵分两期，第一期发酵时间为 10~12 天，第二期为腐熟期，时间为 20~25 天。腐熟后的有机肥经翻耙、过筛、粉碎、装袋制成袋装有机肥。有机肥厂投资 450 万元，年运行成本（包括辅料、折旧、人工、燃油、电费、菌种等）175 万元。

固液分离及粪渣装车台

干清粪集粪池及装车台

秸秆辅料

腐熟区

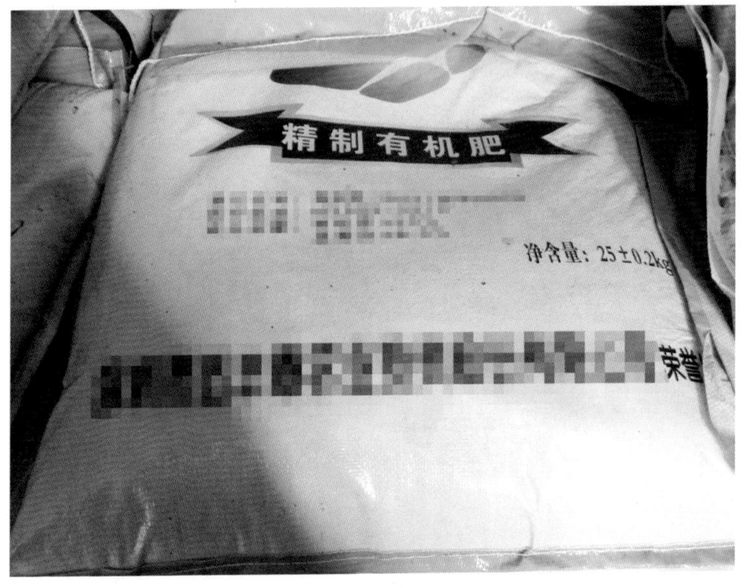

生产的有机肥

3．污水的无害化处理

（1）污水处理流程

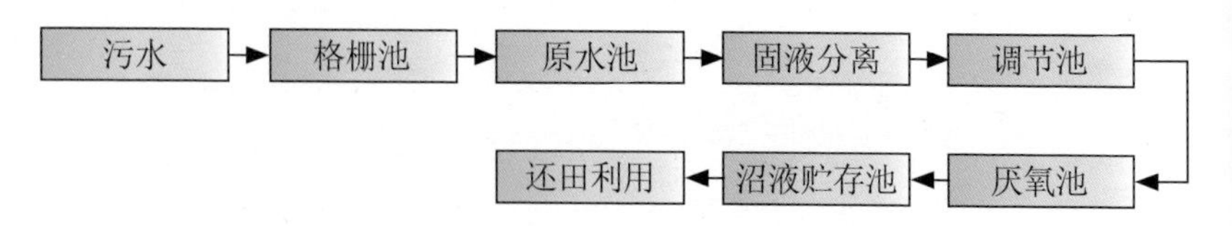

（2）污水处理系统的运行

猪场养殖污水经格栅池去除杂物后流入原水池，原水经固液分离机进行固液分离后用污水泵输送进调节池（450 米^3），酸化后污水经12 级红胶泥厌氧池（每级 200 米^3，共 2 400 米^3）发酵后提升入厌氧发酵罐（550 米^3）再进行厌氧发酵，厌氧发酵池（罐）的沼渣排入排渣池（130 米^3），排渣池上清液回流调节池，排渣池沉淀物压榨分离出的沼液回流调节池，固体物作肥料。厌氧发酵罐流出的沼液进入一级沼液贮存池（7 500 米^3），一级沼液贮存池的上清液流入四级微生物处理池（4 800 米^3），在处理池中添加微生物菌剂进行处理，降解沼液中大分子有机物，分解成有机碳水肥，更有利于植物的吸收利用，经微生物处理后的沼液进入二级贮存池（5 000 米^3）贮存，用于农作物施肥。污水处理系统投入 750 万元，年运行费用 240 万元，其中电费 6 万元，人工费 18 万元，维护费 2 万元，折旧费 50 万元，菌种费 164 万元。

调节池和沼渣池

厌氧发酵池和发酵罐

沼渣压干设施

沼液贮存池

4．沼气利用

厌氧发酵产生的沼气贮存于红胶泥贮气袋（4 个，共 300 米^3）中，沼气经脱硫、脱水后供发电用，配备 2 台 100 千瓦的沼气发电机，日发电 720 千瓦·时左右，用于猪场设施设备及污水处理设备的运行，年节省电费开支 16 万元。

红胶泥贮气袋

沼气脱硫设备

100 千瓦发电机

5．有机肥和沼液的利用

有机肥和沼液用于公司蔬菜基地、果园、桑园的施肥。蔬菜基地每年种植叶菜3~4茬、甜玉米2茬，有机肥作基肥，每茬叶菜每亩施200~500千克，每茬甜玉米每亩施500~1 000千克，具体根据土地肥力决定；砂糖橘、桑树每株每年分别坑施有机肥20千克和15千克；沼液作为淋肥进行喷淋施肥。蔬菜基地种植玉米产生的秸秆作为主要辅料用于猪场粪渣的堆肥，形成种养结合、物质循环利用的生态养殖模式，既防止猪场的污染，又节省肥料开支，改良了土壤。在没有猪场提供有机肥的情况下，每年需花费480万元购买有机肥。采取种养结合，将猪场粪污加工成有机肥使用，每年投入成本415万元，年节省肥料支出65万元，实现了生态效益和经济效益双丰收。

喷淋施肥泵房及沼液水肥池

“猪一沼一菜”循环利用的菜地喷淋设施

“猪一沼一果”循环利用的桑果园

（三）干清粪＋沼气发酵养猪种树零排放模式

某公司基地占地3 700亩，从事生猪养殖和苗木种植。猪场以销售20千克猪苗为主，常年存栏母猪2 500头，仔猪8 000头，生长育肥猪2 000头，苗木种植面积3 000亩。猪场采用机械通风、干清粪和雨污分流减少粪污量，日污水量200吨。猪粪加工成有机肥，污水经处理后用于苗木种植，产生的沼气用于发电及作为生活和焚烧病死猪的燃气，实现种养结合、生物质能源并重的养殖模式。

“猪—沼—苗木”生态养殖

1. **污水处理**

污水经格栅池去除杂物后流入酸化调节池，再进入4 000米^{3}的沼气池进行厌氧发酵，沼气池的沼液排入260亩生物氧化塘进行处理，然后提升到建于山顶的4个共800米^{3}的贮存池用于苗木浇灌。污水处理设施、设备投入300万元，年运行成本48万元。

沼气池

氧化塘

山顶沼液贮存池

2．**粪渣处理**

干清粪清出的粪渣与中药渣混合并加菌种进行堆肥，堆肥分两期，第一期时间为15天，第二期腐熟期时间为30天。年产有机肥1 500吨，全部用于公司苗木种植。有机肥厂建筑面积1 200米^2，设施、设备投入86万元，年运行成本55万元（含折旧费、人工费、菌种费等）。

有机肥加工车间

3．**病死猪处理**

病死猪、胎盘用沼气焚烧炉进行焚烧处理。建有2个沼气焚烧炉，每个建筑成本2.8万元。炉高6米、直径1.8米，用耐火砖和耐火水泥砌筑，双层沼气炉头设置，底层与顶层炉头高度差1.5米，炉头用无缝不锈钢管钻孔制成，双层炉头设置可使底层未充分燃烧的物质在顶层炉头作用下充分燃烧。焚烧后的炉灰从炉底排灰沟扒出，作为肥料利用。

沼气焚烧炉

沼气焚烧炉排灰沟、双层炉头供气管及扒出的炉灰

4. **有机肥及沼液利用**

猪场生产的有机肥和经氧化塘处理后的沼液全部用于苗木种植。每亩苗木施用 1.5~2 吨有机肥，或者 16~40 吨沼液，沼液的施用采用滴灌、人工浇灌和水管自流浇灌方式。年节省肥料费用 240 万元。

沼液浇灌的银叶金合欢树林

5. **沼气利用**

厌氧发酵产生的沼气贮存于 2 个共 500 米^3 的贮气罐中，沼气经脱硫、脱水后用于发电、生活燃气及病死猪无害化处理。安装 150 千瓦和 100 千瓦沼气发电机各 1 台，年发电量 110 万千瓦·时。发电设备、设施投入 80 万元，年运行成本 21 万元，年节省电费 66 万元。

沼气贮存罐

150 千瓦沼气发电机

6. **经济效益分析**

粪污处理成肥料的年成本费用为103万元，沼气发电年运行成本21万元，粪污处理系统年运行成本124万元。年节省肥料费用240万元、电费66万元。年经济效益182万元，取得了显著的经济效益和生态效益。

（四）水冲粪+沼气发酵循环用水养猪模式

某养殖场以销售50~60千克种猪和20千克猪苗为主，少量未售出的种猪和猪苗饲养成肉猪出栏，常年存栏13 000头，其中，生产母猪1 500头，仔猪7 000头，生长猪3 000头，大猪1 500头。猪舍采用机械通风措施改善舍内环境，雨污分流，减少污水量，污水进入排污管道流入集污池，雨水流入排水明沟。水冲粪清粪工艺，冲洗水为经污水处理系统处理后的猪场废水，污水量为250~300吨/天。污水经系统处理后废水COD 50~80毫克/升、BOD 40~50毫克/升、氨氮5~25毫克/升、SS 60~80毫克/升、磷7毫克/升以下，回用于冲洗猪舍，实现污水的循环利用，每吨污水处理成本约5元，污水处理工程产生的沼气、沼渣及废水回用所产生的收益与污水处理工程的运行费用基本持平。

1. **污水处理**

（1）污水处理流程

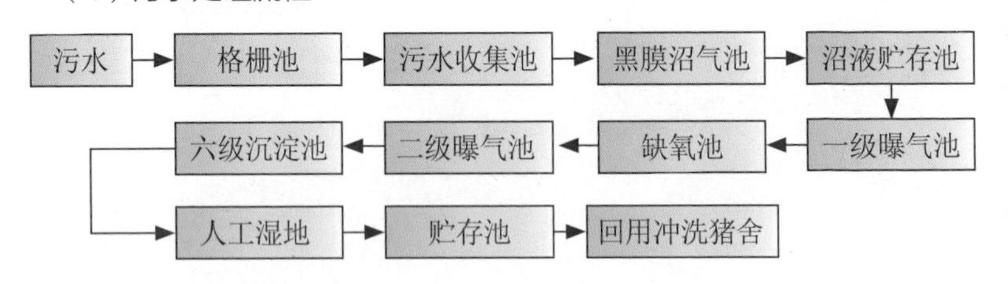

（2）污水处理设施的运行

①厌氧发酵。猪场污水流入沉砂井并经缝隙为2厘米的格栅后进入集污池（2个，共300米^3），每个集污池安装搅拌器1台，2个集污池底部装管互通，其中一个集污池安装污水泵1台，将污水同时泵入

沼气池的 4 个进水井，污水泵的开启和关闭由安装在集污池的水位控制器自动控制。污水经 4 个进水井同时流入沼气池（10 000 米^3，池深 6 米，池底和池顶分别用厚度 1 毫米和 2 毫米 HDPE 黑膜覆盖），产生的沼气贮存于黑膜沼气池顶部，不需要另建沼气贮存设施，日产沼气约 3 000 米^3。沼气池设 4 个出水口，6 个排渣口，沼液经 4 个出水口流出后一起汇入沼液收集池（500 米^3），沼渣则一起流入排渣池（200 米^3），沼气池 3~6 个月排渣 1 次。

集污池

HDPE 黑膜沼气池

② A/O 处理。沼液收集池中的沼液经污水泵提升至一级曝气池（750 米^3，深 4 米）进行曝气，此污水泵由操作人员人工控制，经一级曝气池硝化处理后的污水流入缺氧池（500 米^3，深 4 米）进行反硝化，反硝化处理后的污水流入二级曝气池（750 米^3，深 4 米）曝气。一级、二级曝气池在有进水的情况下进行不间断曝气，在无进水的情况下则采取曝气 1 小时、停止曝气 2 小时的间歇式曝气模式。缺氧池装 2 个推流器，进行不间断运转，防止淤泥沉淀。

沼液收集池

一级曝气池

缺氧池

二级曝气池

③沉淀与湿地净化。经二级曝气池处理的污水进行6级沉淀（6个沉淀池，共600米^3，池深4米），每个沉淀池安装气压排渣装置，第一级沉淀池的活性淤泥视情况回流至第一级曝气池或排入排渣池，第二至第六级沉淀池的沉淀物排入排渣池。第四级沉淀池加石灰乳溶液，每吨污水添加0.5千克生石灰粉，石灰乳溶液需与污水充分混匀。第五级沉淀池添加絮凝剂聚合氯化铝溶液，每吨污水添加0.3千克聚合氯化铝。石灰乳和聚合氯化铝溶液预先在各自的贮存池中用来源于猪场经湿地净化后的废水溶解配制，浓度为20%左右，根据需要用潜水泵分别提升入第四、第五级沉淀池。第五、第六级沉淀池为斜管沉淀池，第六级沉淀池的上清液经溢流槽流入人工湿地，人工湿地面积1 000米^2，深度1米。经人工湿地处理后废水COD 50~80毫克/升、BOD 40~50毫克/升、氨氮5~25毫克/升、SS 60~80毫克/升、磷7毫克/升以下，回用于冲洗猪舍。

沉淀池

斜管沉淀池

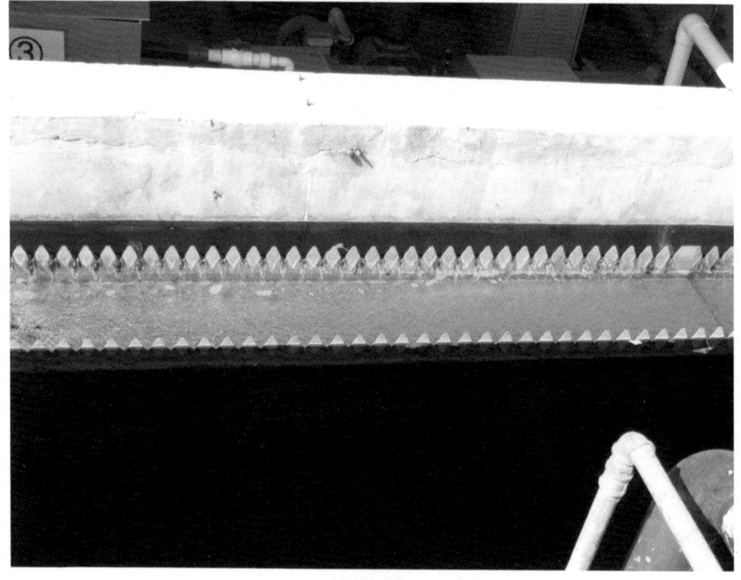

溢流槽

人工湿地

2．沼渣及淤泥处理

沼渣、淤泥汇入排渣池，用污水泵泵入 200 米^2 的防雨晒场。晒场顶棚为透光瓦，底部为混凝土，其上铺 5 厘米碎石和 3 厘米沙作为滤层。晒场分为 6 格，轮流使用。过滤出的污水流入沼液贮存池，滤渣晒干后作肥料用于苗木种植。

排渣池

沼渣及淤泥干晒场

3. **病死猪处理**

病死猪及胎盘用沼气焚化炉焚烧处理。焚化炉用耐火砖和耐火水泥砌成，炉膛高2米、直径2米，上设烟窗，总高5米。炉灰装袋用作肥料种植苗木。

病死猪沼气焚烧炉

4. **沼气利用**

沼气池产生的沼气贮存于沼气池上部，贮气量为1 000米^3，沼气经脱硫和脱水后用于发电、生活用燃气及病死猪的焚烧。沼气发电机组容量为300千瓦，日发电量约为3 000千瓦·时，用于污水处理系统、猪舍保温及通风设施的运行。

沼气脱硫、脱水设备

300 千瓦沼气发电机

（五）干清粪 + 污水达标排放养猪模式

某公司常年存栏基础母猪 0.8 万头，年出栏仔猪 16 万头，生产线清粪采用机械刮粪方式，夏季高峰污水产生量为 400 米 ^{3}/ 天。根据企业发展及环保要求，建设了一套污水处理系统，污水处理系统设计规模为 450 米 ^{3}/ 天，每天运行 20 小时，水流量为 25 米 ^{3}/ 小时，充分考虑了水量出现波动的情况。污水主要为猪场的清洗用水，COD 和 BOD 都较高，污水经处理后，外排污水执行《污水综合排放标准》（GB8978—1996）一级标准，其中出水氨氮要求≤ 20 毫克 / 升，总磷要求≤ 7 毫克 / 升，猪场污水水质具体参数如表 7-3 所示。

表7-3　猪场污水水质参数

毫克·升 $^{-1}$

指标	pH	CODcr	BOD_5	SS	氨氮	总磷
进水数据	6~8	8 000	4 000	10 000	600	200
出水标准（GB8978—1996）	6~9	≤100	≤30	≤70	≤20	≤7

1. 污水处理工艺

污水处理工艺具体流程如下图所示，针对猪场污水的特点，本污水处理系统确定以生化处理技术（UASB+ 二级 A/O +BAF 生物滤池）为核心工艺，确保 COD、氨氮、总磷稳定达标，同时重视猪场污水的预处理，去除大量的 SS、粪渣等，减小 SS 对缺氧池处理效果的影响。

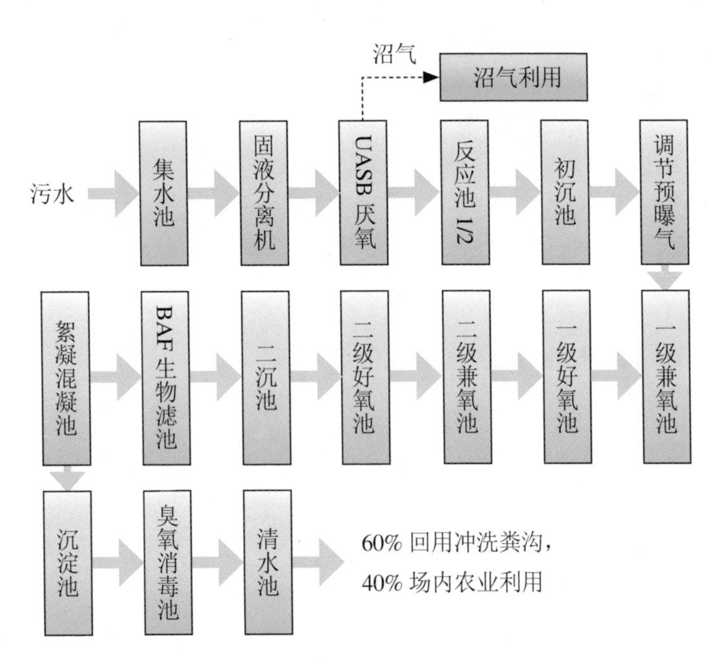

猪场污水处理工艺流程

2. 污水处理设施

（1）集水池

收集各生产线产生的污水，通过固液分离机将污水中较大的颗粒物分离，降低后续处理负荷及泵浦污堵风险，分离出来的粪渣外运处理。

①有效容积：148 米^3/ 座。

②数量：2 座。

③停留时间：7.3 小时。

④构造：RC（钢筋混凝土结构）。

⑤附属设备：提升泵 1 台，潜水离心泵 1 台，液位控制器 1 套，固液分离机 1 台，搅拌机 1 台。

固液分离机

（2）UASB 厌氧池

通过厌氧作用去除大部分 BOD 和部分的 COD。COD、BOD 去除率达 70% 以上。

①有效容积：1 500 米 ^{3}。

②数量：1 座。

③停留时间：3 天。

（3）除磷反应池

通过前段加药除磷，去除部分 SS 和总磷，补充碱度。

①有效容积：22.5 米 ^{3}/ 座。

②数量：2 座。

③停留时间：1.1 小时。

④构造：RC。

⑤附属设备：加药管网 2 套，pH 控制器 1 台，曝气管网 1 套，搅拌机 2 台。

（4）除磷沉淀池（竖流）

①有效容积：83 米^3。

②数量：1 座。

③表面负荷：1.09 米^3/（米^2 · 小时）。

④构造：RC。

⑤附属设备：阀门配件 1 套，排泥管网 1 套，出水堰板 1 套。

（5）调节预曝气池

通过曝气提高废水可生化性，去除部分氨氮，均衡水质。

①有效容积：158 米^3。

②数量：1 座。

③停留时间：7.8 小时。

④构造：RC。

（6）两级 A/O 系统

两级 A/O 系统，经过二段的缺氧池和好氧池的处理，处理废水中的 COD 和氨氮。其中好氧池采用活性污泥法，可以形成很好的活性污泥絮体，利用其污泥的流动性有很好的厌氧与好氧交替，所以氨氮的去除率很高。

1）缺氧池。

①有效容积：416 米^3/ 座。

②数量：2 座。

③停留时间：20.7 小时。

④构造：RC。

2）好氧池。

①有效容积：496 米^3 / 座。

②数量：2 座。

③停留时间：24.8 小时。

④构造：RC。

⑤附属设备：镀锌钢管微孔曝气系统，回流泵 4 台。

A 缺氧池　　B 好氧池

两级 A/O 系统的缺氧池与好氧池

（7）二沉池

二沉池的污泥通过污泥泵抽入缺氧池中，增加整个系统的污泥回流，剩余污泥排入污泥池作污泥处理。

①有效容积：76.5 米^3。

②数量：1 座。

③表面负荷：1.18 米^3/（米^2 · 小时）。

④构　造：RC。

⑤附属设备：排泥管网 1 套，出水堰板 1 套，污泥回流泵 2 台。

（8）BAF 生物滤池

曝气生物滤池作为集生物氧化和截留悬浮固体物于一体的设施，具有容积负荷、水力负荷大，水力停留时间短，所需基建投资少，出水水质好，运行能耗低，运行费用少的特点。

①有效容积：408 米^3。

②数量：1 座。

③停留时间：20.3 小时。

④构造：RC。

⑤附属设备：镀锌钢管微孔曝气系统，陶粒滤料，反冲洗系统。

（9）混凝絮凝池

①有效容积：22.5 米^3/ 座。

②数量：2 座。

③构造：RC。

④附属设备：加药泵（生石灰）1 台，加药泵（聚丙烯酰胺）1 台，搅拌机 2 台。

混凝絮凝池

（10）终沉池设计

①有效容积：125 米^3。

②数量：1 座。

③表面负荷：0.72 米^3/（米^2 · 小时）。

④构造：RC。

⑤附属设备：污泥进泥泵2台（1台使用，1台备用），阀门配件1套，排泥管网1套，出水堰板1套。

（11）消毒池

①有效容积：48米^3。

②数量：1座。

③停留时间：2.3小时。

④构造：RC。

⑤附属设备：加药管网1套，臭氧发生器1台。

（12）清水池

①有效容积：48米^3。

②数量：1座。

③停留时间：2.3小时。

④构造：RC。

⑤附属设备：镀锌钢管曝气系统，回用水系统，水泵2台。

污水处理效果（从左至右依次为系统进水、两级A/O出水，系统出水）

（13）污泥池

①有效容积：79 米^3。

②数　量：1 座。

③构　造：RC。

④附属设备：污泥进泥泵 2 台，污泥管网 1 套，阀门配件 1 套。

（14）设备间

①鼓风机房：罗茨鼓风机 2 台，变频器 2 台，镀锌钢管曝气管网 1 套。

②储药房。

③电控房：配电柜 1 套。

④沼气发电机房：包括沼气脱水器、沼气脱硫器、沼气发电机（2 台 100 千瓦，专供废水处理设施用电）。

（15）污泥脱水区域

①设备间：尺寸 22 米 ×5 米，雨棚结构。

②附属设备：带式压滤机 1 台。

3．污水处理系统投资效益分析

（1）投资

污水处理系统投资费用见表 7-4。

表7-4　污水处理系统投资

序号	费用名称	金额/万元
1	设备费用	375.13
2	土建费用	213.35
合计		588.48

（2）运行费用

污水处理系统用电大部分时间采用沼气发电机发电，仅在沼气发电机不能发电时采用市电，按发电机运行情况记录，每月约有 10 天需要采用市电，项目运行电费见表 7-5。

表7-5　污水处理系统用电情况分析

运行功率/千瓦	市电运行时间/小时·月$^{-1}$	电费/元·月$^{-1}$	处理水量/吨·月$^{-1}$	单位电费/元·吨$^{-1}$
100	200	12 000	12 000	1

工程废水处理运行增加药剂费估算见表 7-6。

表7-6　污水处理系统药剂费估算

药剂品类	单价/元·千克$^{-1}$	投药量/毫克·升$^{-1}$	投药总量/千克·天$^{-1}$	药剂费/元·天$^{-1}$
石灰	0.8	400	160	128
聚合氯化铝	2	300	120	240
聚丙烯酰胺	15	30	12	180
运行总费用				548
吨水药费/元·吨$^{-1}$				1.37

污水处理系统人工费用和维护费用估算见表 7-7。

表7-7　污水处理系统人工及设备维护费用估算

人工费用/元·月$^{-1}$	发电机维护费用/元·月$^{-1}$	设备维护费用/元·月$^{-1}$	总费用/元·月$^{-1}$
12 500	950	500	13 950
每吨水人工及维护费/元·吨$^{-1}$			1.16

注：人工按 2.5 人计算。

综上计算，污水处理系统每吨污水运行费用为 3.53 元，月运行费用为 4.24 万元，年运行费用为 50.88 万元，除环境效益外没有额外的经济效益（表 7-8）。

表7-8　废水处理增加运行费用估算

序号	运行费用类别	运行费用
1	电费/元·吨$^{-1}$	1
2	药费/元·吨$^{-1}$	1.37
3	运行及维护费/元·吨$^{-1}$	1.16
4	小计/元·吨$^{-1}$	3.53
5	每月运行费用/万元·月$^{-1}$	4.24
6	年运行费用/万元·年$^{-1}$	50.88

（六）微生物除臭 + 干清粪 + 沼气发酵循环用水养猪模式

某养殖场以销售种猪和20千克猪苗为主，少量未售出的种猪和猪苗饲养成肉猪出栏，常年存栏5 500头，其中，生产母猪700头，仔猪2 500头，生长猪1 300头，大猪1 000头。猪舍采用机械通风措施改善舍内环境，饲料中添加微生物制剂除臭。雨污分流，减少污水量，污水进入排污管道流入集污池，雨水流入排水明沟。人工干清粪工艺，冲洗水为经污水处理系统处理达到排放标准后消毒的废水。猪场干粪及沼渣被制作成有机肥出售，沼气用于发电及生活能源，沼液经微生物消化后用于鱼塘养鱼及回用冲栏。污水量为150吨 / 天。

1．污水处理

（1）污水处理工艺流程

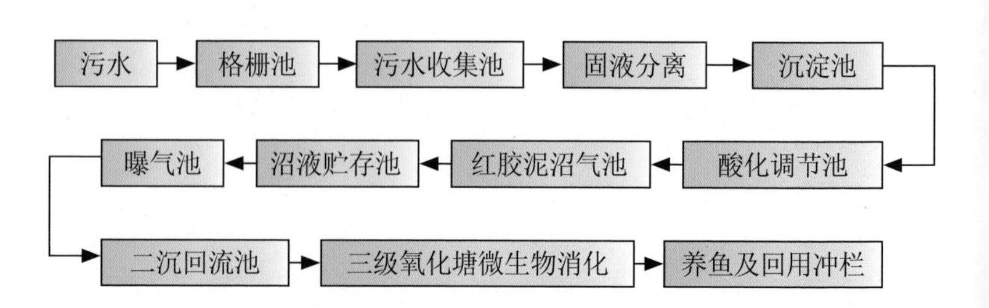

（2）污水处理系统的运行

①固液分离。猪场污水经格栅去除杂物后流入污水收集池，然后经固液分离机和三级沉淀池（2 组三级沉淀池，每组 200 米^3，轮流使用）进行固液分离，固液分离后的污水浓度为：COD 3 500 毫克 / 升、SS 1 200 毫克 / 升、氨氮 500 毫克 / 升、总磷 60 毫克 / 升左右。

机械固液分离

固液分离沉淀池

②厌氧发酵。固液分离后的污水流入酸化调节池（80 米^3），再流入 9 级串联红胶泥沼气池（总容积 1 021 米^3）进行厌氧发酵。沼液流入沼液贮存池（138 米^3）。

红胶泥沼气池及曝气池

③好氧处理。沼液贮存池的沼液泵入曝气池（600 米^3）进行曝气，曝气处理后的污水流入二沉（回流）池（60 米^3），上清液流入三级氧化塘（总面积 30 亩）进行处理。

④氧化塘水生植物及微生物 EM 菌种循回消化处理。三级氧化塘添加微生物 EM 菌种循回消化，并用增氧机增氧。第三级氧化塘流出的废水浓度为：COD 250 毫克 / 升、SS 50 毫克 / 升、氨氮 30 毫克 / 升、总磷 5 毫克 / 升左右。废水经消毒后可回用于冲洗猪舍。

二级氧化塘

微生物菌种培养液贮存罐

微生物菌种培养罐

第三级氧化塘

2. **粪渣的处理**

固液分离出的粪渣提供给附近农户作肥料还田利用。

粪渣收集间

3. **病死猪处理**

用 3 个化尸池轮流处理病死猪和胎盘。

4. **沼气利用**

厌氧发酵产生的沼气贮存于红胶泥贮气袋（3 个，每个 75 米^3），经脱硫、脱水后用于发电及生活用燃气。配备 75 千瓦发电机 1 台。

（七）干清粪 + SBR 养鸡种树零排放模式

某公司蛋鸡场占地 1 000 亩，蛋鸡存栏量 31 万羽，采用机械通风、机械刮粪及雨污分流等措施减少粪污产生量，日产鲜鸡粪 18~20 吨，污水 20~30 吨。鸡粪制成有机肥出售，污水经处理达到灌溉标准后全部用于场内山地、林木的浇灌，实现粪污零排放。

1. **污水处理**

污水处理站占地面积约为 420 米^2。鸡舍污水经多级格栅池去除杂物后流入事故调节池（147 米^2），然后提升至酸化池（35 米^3），酸化处理后的污水流入中间池（21 米^3），中间池污水流入序批式活性淤泥反应池（2 个并联，每个 21 米 ^{3}），序批式活性淤泥反应池中的上清液经滗水器流入石英砂过滤池（2 个并联，每个 10 米 ^{3}），过滤后的清水流入清水池，清水池的清水经紫外线杀毒处理后贮存于贮水池，经污水处理系统处理的污水达到灌溉用水的标准，用于场内树木的浇灌。污水处理系统投入 200 万元，年运行成本 15 万元。

格栅池

事故调节池

酸化池与中间池

SBR 池及滗水器

污水紫外杀菌机

污泥压干机

经污水处理系统处理后的废水用于场内浇灌

2．**粪便处理**

机械刮出的鸡粪制成有机肥，建有有机肥厂1座，建筑面积约为2 400米^2，装备1台快速发酵处理机，日处理鸡粪10吨，余下的鸡粪用堆肥发酵等方法处理。快速发酵处理机24小时进行持续运转，处理鸡粪不需添加任何辅料和菌种，处理出的鸡粪发酵物，作为余下鸡粪堆肥发酵的辅料和菌种，或经熟化后作有机肥出售。快速发酵处理机投资200余万元，日耗电量720千瓦·时。年生产有机肥约870吨，价值约100万元，年成本支出60万元（折旧20余万元、电费20万元、人工15万元、维修维护及燃油费2万元、包装费3万元），经济效益约40万元。

鸡粪快速发酵机及臭气处理设备

堆肥

（八）干清粪 + 沼气发酵达标排放养鸡模式

某公司种鸡场建筑面积 25 900 米^2，建设内容主要包括：鸡舍 23 000 米^2、办公用房 600 米^2，其他临时建筑 2 300 米^2。项目总投资约 2 400 万元，其中环保投资 300 万元，用于配置自动清粪系统、建设污水处理系统和雨污分流系统及场内绿化等辅助工程。

1．废水处理情况

项目建设了完善的雨污分流设施，废水统一收集后进入设计日处理量为 15 米^3 的废水处理设施。生产废水经各鸡舍专用废水管道收集后再经格栅进入集水池，然后通过水泵抽入废水处理设施，经过厌氧—好氧—除磷沉淀等处理后，达到广东省《水污染物排放限值》（DB44/26—2001）第二时段一级标准后外排或用于场内绿化灌溉。污水处理系统实际日处理污水 7 吨，年耗电量 3 万千瓦 · 时。

废水处理系统

操作指南及控制电箱

2. 固体废物处理情况

项目采用履带式清粪处理方式，每天清理收集，用密封防渗的车辆运到发酵棚进行初级发酵后，再运输到有资质的有机肥厂生产有机肥。项目自投产后一直严格按照环保要求落实污染物综合利用工作，经以上环保治污措施的持续落实，环保工作有序开展，固体废物和废水得到有效处理，实现了综合利用，对周边环境影响降到了最低程度。项目建成至今，环境整洁，绿树成荫，周边生态环境良好。

自动履带清粪机

清粪系统

临时堆粪棚

种鸡场全貌

3．粪污处理投资及运行成本情况

总投资130万元，其中污水处理70万元，粪便处理60万元，年运行成本（不含折旧费）5.65万元，鸡粪年销售收入5.59万元。

（九）干清粪免冲水养鸡模式

某公司蛋鸡场占地40多万米^2，2016年蛋鸡存栏量60万羽。公司采用电脑自动生产控制系统，封闭式养殖方式，整个生产过程实现无人接触。养殖模式为层叠式4层笼养，采用传送带清粪，清粪频率为1次/天，日产粪便约60吨。条垛式堆肥处理鸡粪，有机肥产品出售给周边种植户，特别是用于冬种马铃薯，形成了“蛋鸡＋冬种马铃薯”的种养结合模式。

公司全景

蛋鸡叠层笼养＋传送带清粪

1．**鸡粪处理流程**

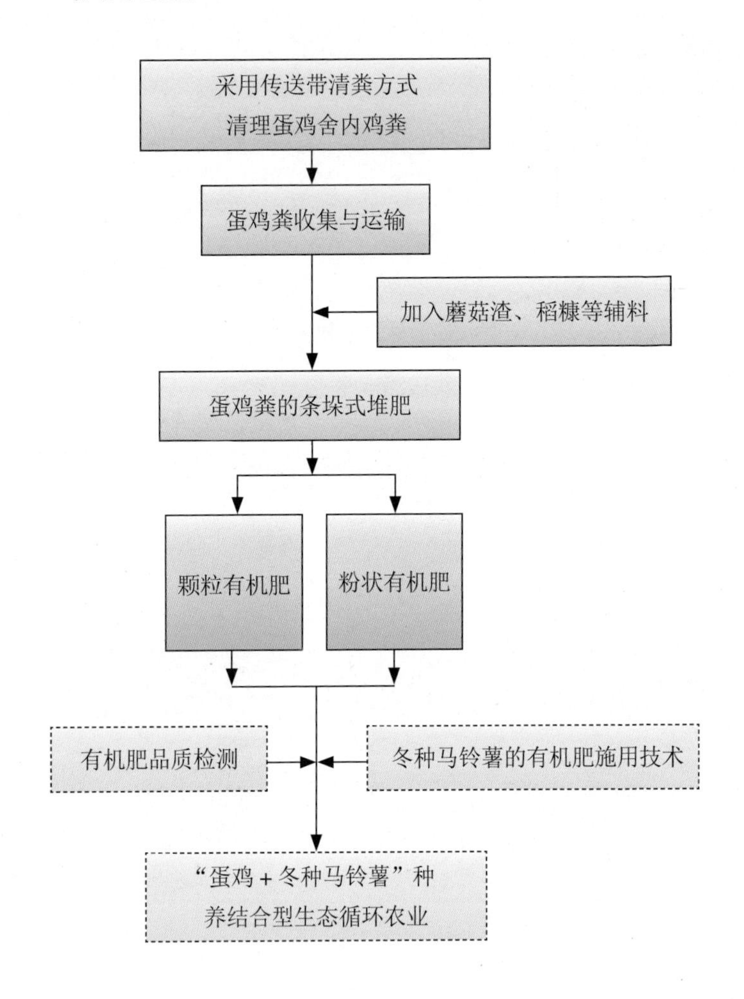

2．**鸡粪处理设施**

公司投资建立了鸡粪处理设施，鸡粪自蛋鸡舍内清出后，立即运到鸡粪处理区通过自然风干降低含水率，然后以蘑菇渣为辅料采用条垛式好氧发酵制成有机肥，鸡粪处理主要建筑物、设备及投资见表7-9、表7-10。

表7-9　主要设备及投资

项目	单位	数量	单价/万元	总价/万元	备注
铲车	台	3	8	24	翻堆及物料运输装车
叉车	台	10	10.5	105	有机肥产品运输装车
拖拉机	台	4	7	28	运输蛋鸡粪、调理剂
物流车	台	4	17.5	70	有机肥运输至25个经销店
小计				227	

表7-10　鸡粪处理主要建筑物及投资

项目	建筑面积/米^2	总投资额/万元
原料仓库	945	68
原料预处理区	4 000	120
一级发酵车间Ⅰ	1 500	108
一级发酵车间Ⅱ	3 040	220
二级发酵车间	2 250	162
造粒车间	2 000	144
品质鉴定	2 000	132
成品仓库	2 100	166
员工宿舍	500	80
办公室	80	32
山地平整	10 000	120
墙体	1 250	90
道路硬化	2 000	64
水电设施		180
合计		1 686

鸡粪的运输

堆肥辅料蘑菇渣

条垛式堆肥发酵

堆肥发酵时的倒堆供氧

堆肥结束后制作颗粒有机肥

成品有机肥

3．**运行情况**

公司参与承担了国家蛋鸡产业技术“十三五”期间跨体系合作惠州综合试验站体系任务。公司与中国农业科学院建立了蛋鸡饲料营养配方研究示范与推广平台、与华中农业大学食品科学技术学院成立蛋品深加工技术研究基地、与华南农业大学动物科学学院成立废弃物转化技术示范基地，联合研究“蛋鸡—马铃薯”（2 万亩试验田）种养结合模式的配套技术，并进行示范与推广。公司与周边 25 个乡镇签订了有机肥预售合作的协议，为公司有机肥产品推广奠定了基础。